神と呼ばれる鉄道YouTuber

スーツ著

スーツ交通チャンネルのトップに掲載している写真。活動開始からずっと変わっていない。

三才ブックス

まえがき

　この本をお手に取っていただき、誠にありがとうございます。お買い上げいただけるなら、なおのこと光栄ですが、自身初の著書ということもあって値段は高めです。私は800円ぐらいで売りたかったのですが、あまり値段を安くすると出版社さんも困ってしまうのだそうです。私の会社の取締役の1人は、今の価格よりもう少し値上げしたらと言っていましたが、最終的に少しでも買いやすいようにと、この値段に決まりました。実は税込み1,800円にする案もあったのですが、本一冊で約2,000円は高すぎますよね。この値段でご勘弁願います。どうぞよろしければ、買ってみてください。この本を開く前にもう買ったという方、本当にありがとうございます。新型コロナウイルス流行による自粛期間を使って、私が自ら手を動かして書いた一冊です。手が痛くなりました。ご満足いただける内容だと思います。

　また、今この本を買おうか迷っているという方が、わざわざ金を払ったのに、思ったのと内容が違うということがあっては残念ですから、冒頭において簡単にこの本の目的を記すことにします。この本の内容は、私、鉄道・旅行YouTuber「スーツ」の自己紹介に終始しています。格安に旅行する裏技やら、おもしろ観光地情報やら、そういった情報は一切期待できません。この本を買わなくても、YouTubeさえ開いて頂ければ、便利で楽しい鉄道や旅行に関する情報を私のチャンネルにおいて、

まえがき

もちろん無料で紹介しています。ですからこの本は、私のファンの方はもちろん、アンチ（ファンの対義語）の方、私と仕事をしたい業者の方、カメラを回している私の姿をホームで目撃した駅員さん、スーツ動画を見ている子供の親御さん、お世話になっている横浜国立大学の先生方など、①私の人となりや活動方針を、②大量の動画を視聴することなく、③深く、理解したいという方には強くお勧めできます。

また、この本を手に取った方の中に、私が制作した約３，０００本の動画をほとんど全部視聴した、恐るべき視聴者の方が多数おられることを私は覚悟しています。それらの動画を全部ご覧になったならば、私がどのような人間であるか、かなり深く分かっているはずです。そんな方から代金を頂戴するならば、過去に作った動画と本書の内容が、結果的にほとんど同じということがないようにしないといけません。これに関しては最大限努力しますが、嘘を喋るわけにもいかないので、出せる新情報の数にも限度があるわけです。「なんだよ、そんなのとっくに知ってるよ。」そう思われたら、都度お許しください。

いつも見て下さっているファンの中には、なぜこんな本を書き始めたんだと疑問を持たれる方がいるはずです。お得意のお金儲けか？　儲けが生じていることは確かではあるものの、ファンに高値で本を売りつけて、現金を吐き出させようなんて考えていませんからご安心ください。

想像に難くないと思いますが、本を書くのはかなり大変です。私は幸い文章の内容を考えることが得意なようで助かっていますが、それでも執筆は疲れる仕事に違いありません。原稿用紙で何百枚分も書かなければいけないのです。ゴーストライターを呼び、私が口述したことを書かせれば、きっと手間は大幅に省けると思いますが、スーツチャンネルの独特の雰囲気をゴーストライターに再現してもらえるのか疑問ですし、何より世間の皆さまへ、出版という形式でご挨拶をさせて頂くことが本書の狙いですので、そのような重要な仕事を他人に任せることは、私としてはできません。

そしてこんなに手間のかかることに取り組むよりも、同じ手間をかけてYouTubeに動画を出した方が儲かるかもしれません。今繰り返しお話ししたように、この本は書籍として自らのプロフィールを残すことを目的に作ったものであります。

それがいつか、別の形で私に有利に働くと信じて（例えば、テレビに出してもらえたりとか）、私は手間を惜しまず全力で執筆に邁進しております。今後本を出すことがあれば、その時はもしかしたら目先の金目当てかもしれませんが（たぶんそんなことないと思いますけど）、本書は少なくとも私が思うに代金以上の手間をかけた、お買い得の品です。

本の目的はわかったけれど、なんで今更自己紹介なんかする気になったのか、その点が気になる方もいるはずです。これは端的に言えば、「私を知っているけれど、よく知らない」という方が多いことが段々わかってきたからです。活動を始めた最初の頃は2,000回ぐらいしか再生されなかった動画も、次第に再生数を増し、数十万回、百万回と再生されることも珍しくなくなっています。そして多

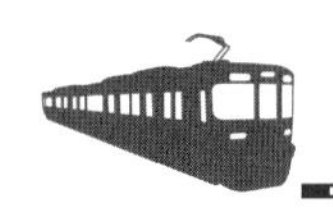

まえがき

くの人に認知されるようになるにつれ、「スーツ」のことを見たことはあるけれど、どんな人なのかわからない。何の仕事をしているのか？　どこから旅行するお金が湧いているの？　親がお金持ち？　学歴は？　何でいつもスーツ着ているの？　様々な、相当数の疑問の声が、動画のコメント欄を通じて多数寄せられていることに気づいています。Google検索の候補を見ると「YouTuberスーツ何者」という検索が、頻繁に発生していることに気づきました。「何者」という言葉を見聞きすることは、日ごろほとんどありません。そんな言葉を使う必要があるほど、私のことに興味を持って下さる方が多いなら、ぜひとも進んで身の上をお話したいと思い、今回筆をとることにしました。「スーツ」は何者であるのか、飾りのない姿をお知らせします。

「スーツの素顔」の部分は私が自分で考えました。自分で「素顔」と言うのは気取った形でおかしいと思いましたが、YouTubeの画面の中にいる私は、再生数を獲得するために私自身がプロデュースした架空のキャラクターのようなもので、良くも悪くも本当の私そのままの姿ではありません。本書執筆においては、いかにしてそのキャラクターが作られてきたのか、そのキャラクターを作っている本当のスーツとは誰なのか、まるで第三者のジャーナリストのように、明らかにすることを目標としています。ですから、「スーツの素顔」というわけです。ぜひ、お楽しみください！

Contents

※本書の本文は、字を読みやすくすることで、誤読を減らす為に開発された、ユニバーサル・デザイン(UD)のフォントを使用しております。

第1章

鉄道系YouTuber「スーツ」とは

Googleで「鉄道系YouTuber」を検索した結果の一部。

私自身、「スーツ」の紹介の前に、その頭についている「鉄道系YouTuber」とは何かをよくお知らせする必要があるでしょう。この言葉は、今では割とインターネットのあちこちで見かけるようになりましたが、私が有名になる前には、全く存在していなかったと思われる言葉です。最初に使い始めたのは誰なのか？Google検索の機能を使って調べてみると、なんと自分自身であったらしいことがわかりました。２０１７年８月31日に私が自分で投稿した「他の鉄道系YouTuberのことをどう思っているの？」という動画が、この言葉を大々的に使った最初の例のようでした。このタイトルに「他の」とあることからわかるように、当時から他にも鉄道の動画を継続的に投稿する人が存在していて、私がそれをひとくくりにYouTuberと呼称したのでした。ただ、〝ユーチュバー〟という言葉は浮ついていて好きではないという人もおられるので、もし同業者の方がそう呼ばれて不愉快に感じられるようでしたら、申し訳なく思っています。

少なくとも、私が呼ぶ「鉄道系YouTuber」は、みなYouTubeへの投稿を目的として鉄道に関する映像を撮影し、多くの場合は広告の掲載による多少の収益金を稼得して、次なる動画投稿の準備をしているようです。簡単に言い換えれば、この活動は素人の運営する「インターネット版鉄道テレビ」と表現できるでしょう。

鉄道系YouTuberたちの作品には、旅行記や鉄道乗車レビューのような動画が多いようです。券売機を操作して乗車券を購入する映像を撮影したり、扉が開いて車両に乗り込むシーンまで撮影した

鉄道系YouTuber「スーツ」とは

り、座席のリクライニングを倒して見せたり、普通の観光旅行で撮影する思い出写真、ホームビデオを超えて、駅や列車内の細部まで注目するのが特徴と言えるでしょう。もちろん他にも千差万別で、自動車で山道の廃止された路線跡をたどる人もいるし、パソコンで美しいプレゼンテーションを作る人もいます。ただ多くの場合、案内人として本人かそれに代わるキャラクターのようなものが登場しがちのようです。鉄道マニアによる動画投稿活動は、「スーツ」が活動を始める10年ほど前からYouTubeやニコニコ動画などの歴史と共に存在していたようで、私は比較的出遅れた存在です。しかし私が活動を開始する前は、この手の動画の大半は一部の鉄道マニアたちの間の内輪ネタという雰囲気に包まれており、現在の私のような、多数の鉄道マニアやそれを超える一般視聴者を集め、10万回超の再生を頻発する投稿者は存在しなかったように思います。

動画も「特急○×号高速通過シーン」「△△駅構内放送」という単純な鉄道風景の一シーンを映すだけのものが、再生数を獲得できているかは別として、投稿数としては主流でしたし、私もそういった動画を見て育ちました。また、私のように投稿者自身が顔や肉声を画面内で露出し、視聴者への案内をするというやり方は、現在では「鉄道系YouTuber」の一般的な例として主流になっているものの、私の登場前にはやはりほとんど存在しなかったのでした。私はYouTubeの鉄道動画部門において、自らが鉄道とYouTuber要素を組み合わせた流行を生みだしたと考えています。また、マニアだけのものとなっていた鉄道動画にそうでない人たちを流入させ、その〝市場規模〟を大幅に拡大することに寄与したと考えています。

「鉄道系YouTuber」の言葉を私が使い始めた3年前、私のチャンネル登録者（海外ではフォロワーと呼びます）はおよそ1万5千人で、今の30分の1程度にすぎませんでしたが、その規模でも既にほぼ最大手の地位にありました。（「ほぼ」と言うのは、当時私より多いYouTuberの存在が確認できないためにつけたものです）これが2020年には、1万人ではとても大手とは言えない状況になっています。今や両手でも3万人以上の登録者を有する鉄道系YouTuberを数えきることができません。

私は今、約55万人の視聴者を抱え、鉄道部門では2位の「がみ」さんとの差も5倍ほどあり、ほとんど独占状態です。それでも

鈴川絢子さん

スーツ交通チャンネルが鉄道YouTuberの頂点にあるという言い方を繰り返していますが、これには問題があるかもしれないことを自己申告しておきます。吉本の芸人「鈴川絢子」さんが鉄道YouTuberのトップという考えもできるからです。鈴川さんは鉄道好きとして大変よく知られる有名な方です。もっとも古い動画は『【Train cooking】建築限界測定車オヤ31をお菓子で作ってみた』という凄まじいものです。オヤ31は駅ホームや信号機などが列車にぶつからないかを検査するための「おいらん列車」と呼ばれる車両で、米軍に徴用された歴史もある貴重な存在です。

鉄道マニアでなければこんなものに注目するはずはなく、その動画は鈴川さんが高度な鉄道マニアであることを証明しています。そして、鈴川さんの登録者は2020年現在83万人と太刀打ちできない規模です。もちろん多数の再生数を獲得されています。ですからスーツ交通チャンネルが鉄道YouTuberの1位

鉄道系YouTuber「スーツ」とは

後発組の鉄道系ＹｏｕＴｕｂｅｒはもの凄い勢いでどんどん増えてきていて、気を抜けばすぐに新興勢力に再生数を奪われるでしょう。だから少ない鉄道マニアを取り合うという狭苦しい戦略はやめて、鉄道マニアでない人たちを、いかに外から連れてくるか。そのことに日ごろ腐心しています。これは他の鉄道系ＹｏｕＴｕｂｅｒと敵対しない戦略ですし、鉄道雑誌など従来からの鉄道メディアにもご迷惑をおかけしないで済むだろうと思っています。

今回は動画投稿の方向性から、鉄道系ＹｏｕＴｕｂｅｒに数えませんでしたが、スーツチャンネルの遥かに先を行く鈴川絢子さんご夫婦も、多くの鉄道系ＹｏｕＴｕｂｅｒが増えて全体が活性化することを望まれてとなるかどうかについては、鈴川さんをどう分類するかで簡単に左右されてしまう訳です。ただ、実際には作風が異なる点も多く、鈴川さんはお子さんたちと共に撮影した親子向けの映像、おもちゃなどの紹介が現在では主力になっているようだったので、今回は鉄道ＹｏｕＴｕｂｅｒとは数えませんでした。

鈴川さんには２度お会いしたことがあり、その２度ともすごい場所で偶然の出会いでした。１度目はＪＲ東日本の超豪華列車「ＴＲＡＩＮ ＳＵＩＴＥ 四季島」に乗ったとき、たった17組の乗客の中で一緒になるという奇跡的なものです。早朝の青函トンネル内などを一緒に旅し語らいで、本当に優しくして頂きました。２度目はデビュー２日目の新型日航機「エアバスＡ３５０」ファーストクラスの中で、福岡空港に着いたとき話しかけて頂きました。とても聡明で、色々なところに気を配ってくださる方です。

https://www.youtube.com/user/suzukawaayako

いるようでした。また、鉄道各社が私の活動をどのようにお考えなのかはわかりませんが、いい影響を与えることができている場合もあると感じています。例えばJRの寝台特急「サンライズ瀬戸・出雲」に乗車して車内を歩いていると、毎度多数の視聴者に話しかけられるのですが「スーツさんの動画でこの列車を知り、乗りに来ました！」と伺うことが非常に多いのです。私の動画がなければ存在しなかったであろう乗客からの挨拶は、寝台特急愛好家としても大変感慨深いものです。それで自分が鉄道各社の乗客を増やしているかと誇示するような、傲慢な態度を取るべきではないですが、鉄道系YouTuberというものの存在が鉄道各社にとって、弱くてもいいから追い風となるような状態を目指したいと思っていることは事実です。

続いて、肝心の「スーツ」についてお知らせします。現在、私の運営しているチャンネルは主に3つあって、①スーツ交通②スーツ旅行③スーツ背広チャンネルに分かれています。チャンネルの違いというのは、まさにNHK総合とNHK教育が分かれているのと同じことです。①スーツ交通チャンネルは、主に鉄道について扱うチャンネルで、「スーツ鉄道チャンネル」でも良いのですが、まれに船便やバスなどの移動手段全般についても扱うので「交通」としてあります。②スーツ旅行チャンネルは、鉄道やその他の交通機関は旅の引き立て役と捉え、現地の名物や景勝地などの楽しみ方を主役として紹介するチャンネルで、こちらも大変ご好評いただいています。ただし視聴者の傾向を考慮して、航空機については旅行チャンネルに投稿しています。③スーツ背広チャンネルでは全く別な動画を投稿

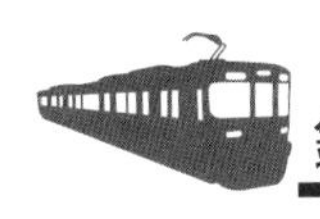

鉄道系YouTuber「スーツ」とは

しておりますので、後で紹介することにします。少なくともこのように、実際には私は鉄道以外の動画も頻繁に制作しています。ですから本書のここから先において、「鉄道系YouTuber」としてではなく、「旅行系YouTuber」としてお話しすることがあるかもしれません。

　これまで述べたように「鉄道系YouTuber」は、私が作り出して大規模化させたジャンルであると思われます。そしてその総力を足し合わせると、ごく狭い鉄道分野のみにおいては、在来報道機関並みの発信力を持つ可能性があります。その道を開拓した私は、幸運なことに今なお鉄道YouTuber勢力の大部分を占めているようです。過去１年の間に私の動画は約２億回再生され、約１５００万人の人がスーツ交通チャンネルを見たそうです（ただしその中には、数秒で視聴をやめてしまったという人も含まれます）。多数のご視聴のお陰で並々ならぬ収入を頂いており、今や旅行にお金をかけることに関しては、およそ何でもできるようになりました。動画の中には極端な高額を投じて制作した豪快なものもあります。ここでこれまでどのような動画を投稿してきたのか、簡単に紹介させてください。

シベリア鉄道の寝台特急ロシア号。

　初めて聞いた人が驚くのはヨーロッパ旅行だと思います。これは大学３年生のときに実施した私にとって初めての海外旅行でした。東京の新宿駅から熱海へ。そこから寝台特急「サンライズ出雲」、特急「やくも」と普通列車を乗り継いで、鳥取県の境港へ向かいました。すぐに韓国経由の船に乗り換えて2泊3日の航海をし、ロシア・ウラジオストクで大陸の地を踏みます。そしてモスクワ行きシベリア鉄道本線の特急「ロシア」に7日間乗り通し、ヨーロッパの列車も乗り継いでロンドンへ向かったのでした。長々とヨーロッパを見物した帰りは、いよいよ自分史上初、国際線の航空便を利用することになったのですが、せっかくの初回ということでJALのファーストクラスを利用しました。ロンドンから東京まで、ニューヨーク経由の片道切符が134万円でした。全く乗り方が分からなかったので、ヒースロー空港の職員さんに聞いたら「本当にファーストクラス？ ビジネスクラスではなくて？？ ファーストクラスなんですか……？？？」とひどく不思議な顔をされて、笑いをこらえたのは愉快な思い出です。またあとでお話しします。

お金を使ってできることは何でもやります。150万円ほどの旅行代金が設定されている、JR東日本の豪華列車「四季島」にも祖母を招待して乗車し、大変親切にして頂きました。2017年の5月にデビューして、秋田駅で初運行の列車を見たとき、「いつか乗れるといいな」という思いで列車を見送りましたが、それから2年後には楽に乗れるお金が手に入ってしまい、変な気分がしたものです。殺人事件の映画で有名なオリエント急行も、今なお豪華列車として欧州を走り続けています。この世界一有名な豪華列車には、大学3年の春休みに乗ってきました。海外旅行は別に好きではないのですが、そう言いながら月1回ぐらいは外国に行っています。ハワイには3度行ったことがあるのですが、

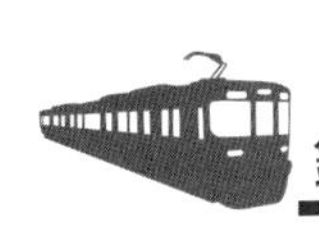

鉄道系YouTuber「スーツ」とは

そのうち2回は日帰りです。派手な実績を紹介しようとすると、どうしても国際航空の分野に偏りがちですが、当然鉄道に乗る距離も人並み外れていて、おそらく年間に地球1～2周分ぐらいは乗っているはずです。だからといって、お金をかけるしか能がないわけではありません。大切なのは、他人が普通には体験できないことを、YouTubeを介して視聴者に届けることです。

私は鉄道の長時間乗車に強い耐性を持っていますので、その能力も存分に発揮しているつもりです。東京から大阪まで、普通列車に10時間乗るぐらいは朝飯前ですし、品川―小倉間を普通列車で19時間半かけて移動したこともあります。長時間乗車に飽きるということもありません。一番長い時は秋田から熊本県の八代まで、夜行快速「ムーンライトながら」も使いながら、42時間乗り続けました。誰もが嫌がる大型連休終盤、Uターンラッシュのピークに、わざわざ最終の新幹線の自由席を利用して極限の混雑状態を体験してみたこともあります。まだYouTubeの活動を始める前のことですが、JR北海道の夜

東京から九州まで19時間、普通列車の旅も苦ではない。

行急行「はまなす」をフリーパスの効力で毎晩繰り返し乗車し、別荘の代わりにしたこともありました。日本一周、日本縦断に類することは、これまで何度やってきたか数え切れません。JRで走っている鉄道車両にもほとんど乗りつくしましたし、東京の自宅に帰ることが稀なぐらいに旅行づくしです。

その一方で活動を開始した当初、2016年12月から約7カ月の間は貧しさを極めていました。私は幸いにも貧しい家の生まれではありませんでしたが、自分のやりたい旅行をするために、極端に切り詰めた生活を自ら進んでしていました。後に紹介する「最長往復切符の旅」をしていたころには、1日2,300円で、JRの切符代を除いた宿泊費と食費、その他諸経費をやり繰りしなければならないという日もありました。もう一度言いますが、2,300円で1日分の宿泊費と食費です。スーパーで100円の食パンと大きな水を買って持ち歩き、ネットカフェに深夜料金適用となる6~8時間ギリギリの滞在。料金を節約するために早起きをして出発し、駅のベンチで睡眠時間を補うという生活でした。

当時は鉄道と観光を融合した動画を投稿していたので、到着した駅から移動して見物へ繰り出すのですが、駅から観光地が近いとは限りません。例えば5キロ離れた観光地に行くならば通常はバスです。でもバス代は持っていないので、動画編集用のパソコンを背負ったまま足で進むということを何度も繰り返しました。

5キロを歩くと1時間はかかりますが、地方では列車本数が少ないのが普通で、歩いていたら見物の

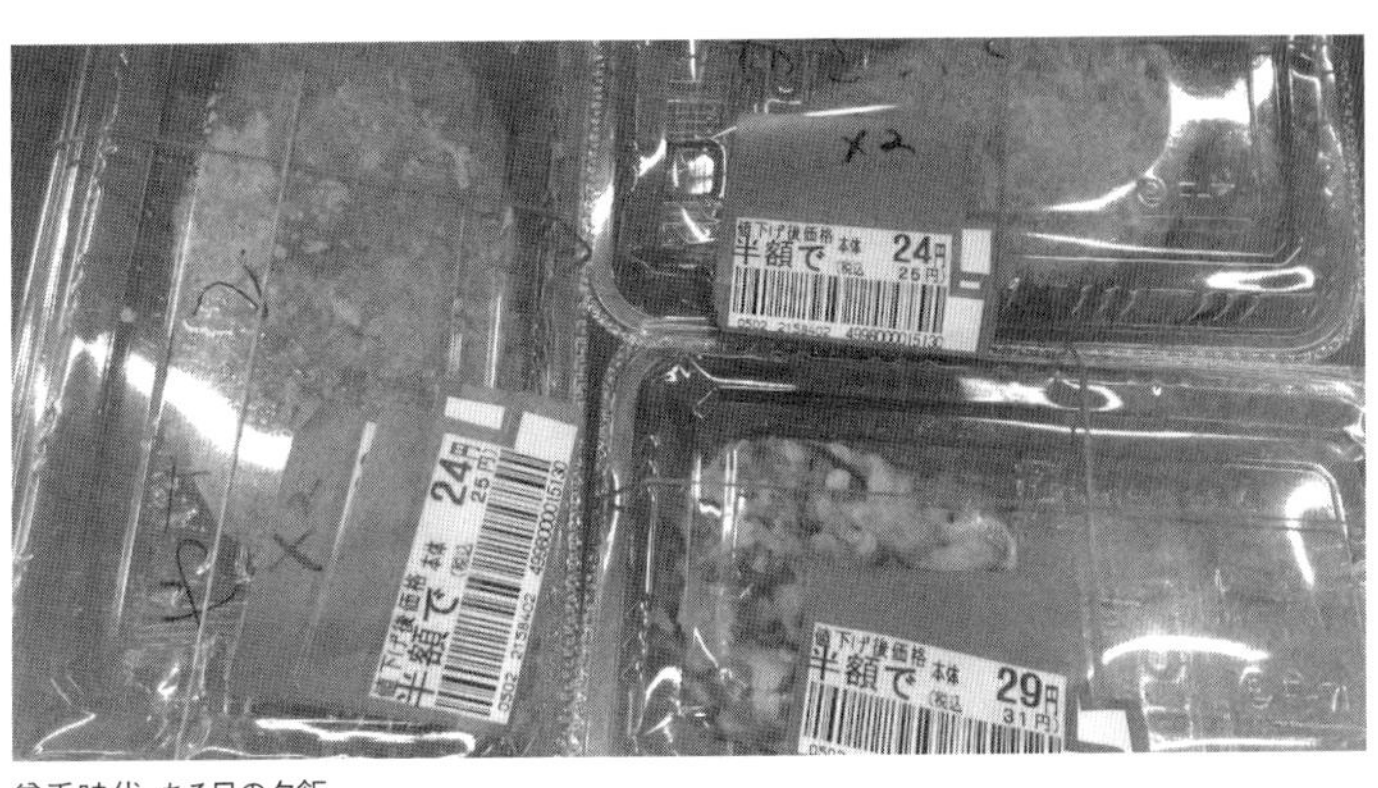

貧乏時代、ある日の夕飯。

時間がなくなるから、走って半分の時間に短縮しなければいけないということも頻繁でした。息も絶え絶えにたどり着いた観光地には名物の店が出ていますが、当然買うお金はないので写真を見て食べた気になり、自分は食べずに紹介だけ。帰りもまた走って駅まで、列車の時間に追われながら全力疾走。田舎町でスーツを着た男が走り回っている光景は異様だったことでしょう。

自分で気が付かなかっただけで、実は警察に通報されていたかもしれません。似たようなことを毎日繰り返していて、どうして体力が持ったのかも不思議です。振り返ればたった3年前のことですが、本当に懐かしく思い出されます。当時の苦しい状況から、よく現状を手にしたものだと思います。ここまで成り上がるというその経験自体が珍しく、とても貴重に感じられます。

この成り上がりは、私が血のにじむような努力か何かをしたことによって、達成されたように見えるかもしれませんが、今考えると全くそんなことはありませんでした。この先の章で詳しくお話しします。

鉄道撮影の技術

ベルニナ急行　ティラーノ行き
（2018年9月）

115系　普通列車高崎行き
（2013年12月　水上駅）

◀EF81+24系
特急「日本海」青森行き
2012年8月　直江津駅

583系臨時列車青森行き
（2017年2月　東鷲宮駅付近）

200系「たにがわ」東京行き
（2013年2月　大宮駅）

父が使っていた一眼レフカメラを譲り受けることができたので、中学3年の頃から鉄道写真を撮影するようになりました。

本当は撮影をするよりも列車に乗る方が好きでしたが、お金が無くて乗れない場合が多かったので、その場合は撮影するだけに留めました。特に高校生時代は消えていく寝台列車の撮影を繰り返し、そこでほとんど一生分のシャッターを切ったのではないかと思っています。

その中から私が気に入っている写真を紹介します。「撮り鉄」の方々にとっては、物足りない写真だと思いますが……

第2章

なぜYouTuberになったのか

YouTuberになるまで

高校2年生のときに乗った「あけぼの」。当時、YouTuberのことはバカにしていた。

YouTuberとの出会い

私がYouTuberというものを知ったのは高校生のころでした。YouTuberとしては一番有名なヒカキンさんの動画が、おそらく私が閲覧したYouTuber映像の一本目でした。今から書くことをヒカキンさんのファンがご覧になると、本書を捨てたり、燃やしたりしたくなるかもしれませんが、現在私はヒカキンさんを尊敬しているし、一方的に感謝していることをお知らせさせてください。ただ、彼の第一印象は最悪でした。まずサムネイル（どの動画を見るか選択するとき、表題の役割を果たす画像をサムネイルと呼びます。本書の至る所で私のサムネイルが紹介されています）の色づかいが下品。赤が目立ち、スーパーの半額シールを思わせます。目立つという以上に、まさに値引き品のような安っぽい印象がつきます。そして画面の三分の一を占めるのは、とりわけ美しいわけでもない男の顔を極端に拡大した図です。画像の中のそいつはいい年しているくせに、なぜかゲームだのおもちゃだのお菓子だのに躍起になっているらしく、目を見開き唇はかみしめて、大声で叫んでいるかのような表情を浮かべています。一体どんな映像なのか、つい再生をしてしまったのは間違いでした。「☆○※△■ハローユーチューブ！どうもヒカキンです！」理解不能な挨拶が始まり、そこから得た強烈な不快感が反射的に動画を止め、「前のページに戻る」ボタンを押させました。ブラウザバックというやつです。後にそういうわけの分からないことをする連中を「YouTuber」と呼ぶのだと知りました。そして、

なぜYouTuberになったのか YouTuberになるまで

そんな幼稚で安っぽい動画ばかり作っている奴らは、ろくでもないに違いないと信じました。

当時も変わらず鉄道マニアであった私が、YouTubeの動画をたくさん閲覧していたということは事実でした。そして自分自身でも動画投稿をすることはありました。全てのYouTube動画を、いわゆるYouTuberが作っているわけではありません。現在でも、YouTuberとは関係のない分野は確かに存在しています。YouTuber分野を見ることなくYouTubeを楽しんでいた私にとって、それはまるで映像資料館のように感じられました。1960年代に8ミリフィルムで撮影された、開業初期の東海道新幹線の映像や、私が生まれる前の1987年3月31日、姿を消した日本国有鉄道の最後の一日を記録した映像などが大量に保存されていて、まさに巨大な私設鉄道博物館としての価値があったのです。

ヒカキンTVのサムネイルを再現してみました。

私自身も鉄道マニアとしての活動をする中で、極めて珍しい鉄道風景に出会うことがありました。スーツ交通チャンネル最初の動画は、2011年3月に投稿された「急行きたぐにラストラン放送【The Last Night】」というものです。新潟―大阪間を走った夜行急行電車「きたぐに」の最終運行に乗車した際、車掌さんが「ザ・ラストナイト」と題して熱烈なお別れの放送をするのを聞き、貴重な光景を多くの鉄道マニアの方に共有しなければならないと感じて制作したものでした（幸運なこと

大阪行き急行「きたぐに」ラストラン(現在は博物館で保存)。

に、このとき私が乗った車両、クハネ581型35号車は、現在京都鉄道博物館の本館1階中央で、一番の目玉のように展示されています。私の乗車した6番中段寝台も、展示状況によっては確認できますので、訪れた際はスーツチャンネル発祥の地をぜひご覧になってみてください)。2014年には、青森発上野行き寝台特急「あけぼの」ラストランに乗車し、やはり車内で心のこもった車内放送を聞きました。その様子も当日中にYouTubeに投稿しました。貴重な映像をYouTubeに投稿し、多くの鉄道マニアの方に喜んでいただきました。自身の好みに合う、資料館のような使い方に徹していたわけです。つまり、このようにYouTubeを活用する習慣を持ってはいましたが、YouTuberへの憧れの気持

ちとか、人気の動画投稿者になりたいという願いは、全く持っていなかったのでした。ですから私がYouTuberとなるに至った経緯をたどると、まるでYouTubeとは関係のないところに行きつくのです。これより先は、私の幼少期から大学生になるまでの自伝のような内容が続きます。その終盤までYouTubeという単語は登場しませんが、読み終えたときには、いかにして「YouTuberスーツ」が生まれたのか、理解することができているはずです。

岩倉高校への進学

幼少期から私はJR東日本、JR東海など、鉄道会社で働きたいと考えていました。保育園の卒園文集にも、小学校の卒業文集にも、私は将来鉄道会社の社員になりたいと書いた記憶がありますし、実際にそれを実現するため、鉄道高校の異名を持つ岩倉高等学校に進学しました。幼いころは「サッカー選手になりたい」「ケーキ屋さんになりたい」など、将来の職業は夢見がちなもので、私も似たように保育園に通っていたころ、「電車の運転手さん」になりたいと思っていたのでした。家族は私の鉄道好きを心から応援してくれていたので、小さいころには「将来は昭和鉄道高校か岩倉高校だね」と話をしてくれたのを覚えています。

この2つの高校は、鉄道会社の従業員を養成するために設立された歴史的経緯があり、現在でも多数の生徒が鉄道会社に就職することで知られていて、私も将来はそこへ進学するものだと信じていました。小学校高学年の時には、父から慶応義塾中等部の受験を提案されましたが、どうせ高校は鉄道高校に行ってしまい、当然大学には進学しないのだから、入学は無意味ではないかと断ったことを覚えています。そのことには父も賛成してくれました。ただ、理科系の授業は好きだったので、理系教育に力を入れていた東京都立の中高一貫校、小石川中等教育学校（昔の小石川高校です）で中学3年間を過ごしたいと思い、そこは受験させてもらいました。これは不合格だったのですが、高校進学時の退学を検討する必要がなくなったことに、内心安堵もしていました。

現実には幼いころに抱いた将来の夢をそのまま目指す人などほとんどいないでしょう。サッカー少年は練習を重ねていくごとに、プロになる人間が、達人の中のほんの一握りでしかないことに気づいていくはずです。

ケーキ屋の販売員さんになることは難しくないと思いますが、給与の水準は高くないので、大人になるにつれて憧れの気持ちが醒めてしまうかもしれません。私も成長と共に、電車が好きだから電車の運転手さんになりたいという将来の夢を見直す必要性に気が付き、いざ高校進学を考えるとなったとき、少しだけ振り返ってみたのでした。しかし、やはり自分には鉄道学校への進学が相応しいとの結論を出すことになりました。

JR各社からの積極的な広報はありませんが、散発的に発表されている情報や、聞き集めた情報をまとめると、概ね次のようなことがわかりました。旧国鉄の旅客鉄道会社各社、すなわちJR北海道・

ＪＲ東日本・ＪＲ東海・ＪＲ西日本・ＪＲ四国・ＪＲ九州の社員は「職務乗車証」を支給され、私用であっても自社の管轄する路線全線において、普通運賃を支払わずに乗車可能、すなわち普通列車に乗り放題となります。また、急行・特急列車、特別車両、そして寝台車に乗車する場合についても、自社管内完結の利用であれば料金は半額です。ただしＪＲ北海道・ＪＲ東日本・ＪＲ西日本のグランクラスは割引の対象になりません。またＪＲ貨物社員はかつて、すべてのＪＲ線を半額で利用できることになっていましたが、その福利厚生制度はどうも廃止されたようです。

つまり東京在住の私がＪＲ東日本に入社すれば、一都六県・甲信越・東北各県の鉄道に、ＪＲ東海に入社すれば、東海道新幹線沿線と将来のリニア中央新幹線、また紀伊半島の東海岸などへの鉄道に、ほとんどタダで乗り放題ということになります。乗車券を買わなくても鉄道に乗り放題とは、夢のまた夢のような世界です。高卒で就職するということは、大卒の高水準の給与体系を諦めることを意味しますが、鉄道乗り放題の権利が手に入るならば、その代わりとしての価値が十分にあります。もちろん、ＪＲには大学を卒業して入社した人もたくさんいるはずですから、大学を経て入社して、大卒者の待遇を受けつつ職務乗車証を使うのも良いでしょう。しかし、長い不況の時代は全く終わりが見えず、今後もＪＲ等のインフラ系企業は高い人気を得続け、入社は難しいように思われました。ならば、高校を卒業する際に一度ＪＲへの就職を試みる機会を設けることが、私にとって大きな利益となるだろうと考えたのです。高卒者の給料水準は大卒者と比較して低めですから、近頃はたいていの高校生は大学へ進学するわけですが、こと私に関しては、一般の学生とは異なる〝給与を補う裏技〟を持っていて、それこそが職務乗車証の趣味的な活用であるわけでした。このことから、ＪＲ各社の中で最も価値のある職務乗車証を手に入れることが必要と考え、管轄範囲が最大であるＪＲ東日本を志望することになったのです。

ちなみに、大学生の就職活動と高校生の就職活動は大きく異なっています。大学生は不採用になることを前提に多数の入社試験を受けていくようですが、高校生の場合は同時に複数の選考申込をすることができません。その代わりに倍率も大卒での試験と比べると低いようです。高校生は自分の望む1社を選んで、そこの門だけを叩く仕組みになっており、まるで大学受験のように一つの会社への入社を志すことは、特に非現実的というわけでもなかったのです。

このようなことを考えた末、私は岩倉高校への入学を決めました。当然入試がありますから、本来私だけでは決められないのですが、私は勉強に関しては熱心で成績も良い方でしたので、偏差値40ぐらいの岩倉高校へ入学できないはずはなかったのでした。

先に紹介したように、日本には2つの鉄道学校があり、上野の岩倉高校ではなく、池袋の昭和鉄道高校に進学することも可能でした。岩倉高校にした理由はいくつかありました。まず、岩倉高校の方がＪＲへの就職に強いという噂があったことです。卒業生として振り返ってみると、30点分ぐらいは正解でした。上級生や同級生の進路状況を見るに、現在ＪＲ東日本に関して、入社試験で岩倉高校だ

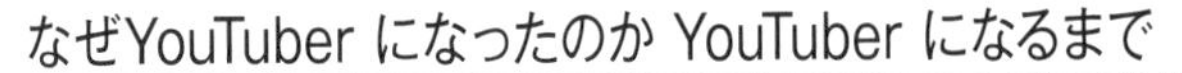

岩倉高校。

から採用されるということはないように見えます。しかし相当数の岩倉高校出身者がＪＲ内部に存在することは事実で、それがどこかの面で有利に働くことも、ないことはないのかもしれません。学園祭のときなどにお会いした元国鉄マンの卒業生の方や、岩倉高校出身で、やはり元国鉄マンの教職員の方の口伝によれば、どうも１９８３年に国鉄の新規採用が停止されるまでの間は、ほとんどの生徒が国鉄への入社を志望していたようです。営業規則などの教育も国鉄に準拠していました。国鉄の採用担当が来校し、学校内で就職面接をするほどだったそうでした。

岩倉高校の学費が安かったことも魅力でした。２つの鉄道学校は共に私立校であったので、公立校よりは高い学費が必要です。当時、世帯年収９１０万円未満の東京都民に対する私立高の学費無償化政策は未実施でしたが、岩倉高校には充実した特待生制度がありました。優秀な成績で入学するか、入試後に受験できる特待生選抜試験「チャレンジ試験」で秀でた結果を出すと、学費のほとんどが無料になったのです。２０２０年は初年度の場合、約90万円が無料になるようです。2度に分けて特待生待遇のチャンスを与えてくれるこの制度には、本当に心から感謝していますし、多くの生徒が助けられたはずです。昭和鉄道高校にも特待生制度はありましたが、どれほど優秀でも学費の半分が免除されるだけとのことであり、学費を払わずに済む岩倉高校の方が明らかに魅力的でした。私の家庭は裕福というわけではありませんでしたが、学費にこだわって高校を選択する必要がない程度の収入はありました。親への負担を少なくするのが子の当然の務めと、常々感じていましたが、実は学費を節約する別の魂胆もありました。親の出費を減らすことで、趣味の旅行資金を負担してもらうつもりだったのです。実際私の家族は、私が旅行の経験から教養を高めたことをよく理解していましたので、頼めば教育費とみなして出費してくれていました。高校時代の前半はこの口実を使って何度か旅行させてもらいましたが、親の金で旅行するのはみっともないと思ったので、高校2年生の頃からはアルバイトを始めました。

また、昭和鉄道高校は「鉄道科」の1科のみ設置されていたのに対して、当時の岩倉高校は「運輸科」「機械科」「商業科」「普通科」の4科体制であったことも判断材料になりました。岩倉高校には従来から鉄道にそれほど特化しない学科、普通科が存在し、さらに2012年から普通科「特進コース」、2013年から「S特コース」という選抜組が編成されていました。普通科に特化し、難関大の合格

実績をあげて進学校化を狙うという方針転換の作戦は、14歳の私にも一目で察することが出来ました。高校生の5割が大学進学する時代において、鉄道会社の現業係員として高卒で就職することを前提とした鉄道学校の存在は、時代錯誤的であると評価せざるを得ません。国鉄時代には改札業務や保守作業などを担う、現業係員の大半が中卒・高卒者で占められていたようでしたが、現在では大卒者が現場仕事を担当することが当たり前になり、高卒者の枠は減りがちのようです。そもそも鉄道会社は合理化により人員削減を進め、採用数そのものを減らしています（ただし、現在でも高卒者を多く採用している鉄道会社はたくさんあります）。そのため鉄道学校に進学したけれど、鉄道係員として働く夢は叶わなかったという生徒もいますし、特に希望の会社、ＪＲ東日本などに狙いどおり入るということが、難しいことなのは明らかでした。前にお話ししたように、「私は」広範囲にわたる職務乗車証を手にできない鉄道会社で、高卒者として働くつもりはありませんでしたので、ＪＲ東日本に不採用となれば、大学進学を決定せざるを得ない状況であり、それが現実に発生する確率は十分に高いことを入学前から覚悟していました。大学受験をすることになっても、勉強なら何とかできるという自信がありましたし、実際高校入学時に受験した模擬試験の偏差値は学内で80から90（確か89だったと思います）ほどで、判定結果によれば横浜国立大や明治大などなら入れるとのことでした。

そんな自分が、喉から手が出るほど進学実績をあげたいはずの岩倉高校に入学することは、自分にとってもきっと利益になるはずでした。入試の面接では、なぜ昭和鉄道高校ではなく岩倉高校を選んだのかと質問を受けましたので、この話をして納得頂きました。実際、岩倉高校の先生方は資格試験の勉強や、後の大学受験に際して、本当に色々と手助けをしてくれました。もしかしたら学校としては、進学校化に際して実績の稼ぎ頭にしたかったのではないかと思いますが、大学進学を押し付けられるような圧力は全くありませんでしたので、大変感謝しております。

そして何より私を魅了したのは、上野駅目の前という立地です。駅から近いことの利便性に惹かれたわけではありません。当時の上野駅には、東北方面からの寝台特急が毎日数回の出入りをしていて、その光景を見ながらの生活には強い憧れがありました。また、それらの寝台特急は、そう遠くないうちに引退してしまい、2度と見ることができないと分かっていました。岩倉高校に通うことは、寝台車との接触機会を極端に増やすチャンスでした。そんなことで高校を選ぶのかと思われるのかもしれませんが、三度の飯より寝台車が好きで、実際に食費を切り詰めて寝台車に乗って遊んでいたような私にとっては、昭和鉄道高校のある池袋よりも、上野の地の方が圧倒的に魅力的だったのでした。

ここまで、高校入学に際して私がした思考を紹介しました。要点を整理してまとめておきますと、①幼いころは鉄道会社に憧れていたが、その気持ちだけで進路を決めるのは不適切なのでやめた。②給料のことを考えると大卒で就職することが当たり前と思われた。③JRの職務乗車証が手に入るなら、高卒でも実質大卒者並みの待遇を得ることができる。④就職に失敗する可能性は十分に高いが、大学受験をすることも念頭に置いている。⑤毎日寝台特急を見たい。

臨時特急「あけぼの」

特急「北斗星」

臨時特急「カシオペア」

583系寝台電車

中学生の時から私の基本的な考えは変わっておらず、これが結果的にYouTuberになるという将来の決定を導き出すことになりました。ただ、現在振り返ってみると③については誤りだったのではないかという疑念が拭えません。毎日仕事で鉄道に触れていたら、休みの日にも自社の路線に乗って遊びに行こうという気にはならず、結果的に職務乗車証はそれほどの価値を生まなかったのではないかと思うのです。今、本書を執筆している私は、新型コロナウイルスの感染拡大防止のために外出自粛の日々を送っています。いつも旅行ばかりの生活をしていますと、自宅周辺にとどまり鉄道と離れて暮らしている方が、東海道新幹線のグリーン席に座っているよりも新鮮に感じられるのです。富士川を渡りながら富士山の雪を見上げるよりも、自

東海道新幹線のグリーン車。

宅の前を走っていく車たちを見る方が珍しいことである気がしています。普段の旅行でも少し前はグリーン車などを利用していたのですが、もはやすっかり慣れてしまい、グリーン車に乗っても何も感じなくなりましたので、料金の安い普通車を好むようになりました。中学生のときは鉄道乗り放題を夢見ていたものの、いざ夢の切符を手に入れると、意外とそれは使わないものだったなんてことは、十分にあり得そうです。

岩倉高校での生活

前のページできちんと記しませんでしたが、私はおそらくトップの成績で運輸科に合格しました。そして、入学金・授業料・設備費用のすべてを3年間無料にしてもらいました。幼いころに一度決定していたとはいえ、人生の方向性を大きく左右するこの学校への入学決定は、私の中では一大事でした。それと比べて、自分の方向性が定まった状態での高校3年間は気楽なものでした。私は秀でた成績の印象に沿うように丁寧で優等生じみた振る舞いを心掛けていましたが、一方で校則に縛られない部分については自分の自由を最大限に行使していましたので、当時から学校内では有名人であったようでした。例えば、学校指定の鞄以外での通学は不可という校則がありましたが、手ぶらで通学することは禁じられていなかったの

でそうしていましたし、ベルトも指定のものの着用が義務付けられていましたが、ベルトの着用自体を義務付ける校則は無かったので、普段は着用していませんでした。一方でいま校則を確認してみると、生徒間での金銭の貸借や物品の売買は禁止されていたようですが、生徒間では指定席券等の正価と引き換えの譲渡が日常的に、かつ公然と行われていて、私も3年間を通じてその中心的役割に居続けました。そんな校則があったとは全く知りませんでした。

当時の知名度を感じられる、ごく最近の話を紹介します。この部分の執筆に入った当日の午前3時ごろ、私は秋葉原付近、昌平橋のたもとでサイクリングをしていたのですが、そこでたまたま2学年下の後輩に

きは，直ちに申し出る。
⑥　設備・備品等を破損または紛失したときは，状況により弁償を求められることがある。
⑦　部室は顧問管理下において使用し，授業時間帯は入室を禁止する。（施錠を行い顧問が鍵を管理する）

6．規律・礼節
①　本校の規則をよく理解し，これを誠実に実行するために5分前行動を心がける。
②　教職員及び来校者に対しては，常に礼節を忘れない。
③　生徒間（上級生・同級生・下級生）においても言動に注意し，礼節を忘れない。
④　役員に任命されたときは，誠実かつ積極的に貢献する。
⑤　生徒間での物品売買，金銭の貸借は禁止とする。又，各種団体の勧誘活動はしてはならない。
⑥　生命の安全と非行防止のため，原動機付き自転車ならびに自動二輪車の運転免許取得を禁止する。普通免許に関しては，３年生に限り夏休み以降に教習所への入校を認めるが，在学中の運転は禁止とし，取得した場合は『普通自動車免許取得報告書』を提出する。（その他の免許取得に関しては，担任に相談すること）
⑦　暴力・いじめ・たかり・賭け事およびその他不必要な物（ゲーム類・オーディオ類・不良雑誌・化粧道具など）の持ち込みは禁じる。また，不良環境への立ち入りをしてはならない。
⑧　ブログ・掲示板・プロフ・ＳＮＳなどの書き込

教習所には入ってもよいが、運転を禁ずるというのなら、どうやって免許を取得するのか、と考えて引いた赤線。

＊やむを得ず学校指定のものが着用・使用できない場合は所定の【異装届】を提出すること。

正装
男子：夏　Ｙシャツ（指定）・ズボン（指定）・ベルト（指定）・靴下（指定）・黒革靴
　　　冬　長袖シャツ（指定）・詰襟学生服（指定）・ズボン（指定）・ベルト（指定）・靴下（指定）・黒革靴・校章
女子：夏　ブラウス（指定）・グレースカート（指定）・靴下（指定）・黒革靴
　　　冬　水色ブラウス（指定）・ブレザー（指定）・紺リボン（指定）・グレースカート（指定）・靴下（指定）・黒革靴

通常時は，正装を基本とし，靴下（男女），スカート，ブラウスについては選択も可とする。

③　男女共通
・制服は正しく着用すること。
・制服や鞄，その他服飾品には手を加えてはならない。改造，サイズ変更をおこない正規の状態に戻らないときは，再購入させる。
・通学は本校指定の鞄を使用すること。但し，サブバックを必要とする際は，高校生らしく華美でないものとする。
・鞄はリュック仕様ではないため，手で持つか肩から掛けるようにすること
・鞄に装飾品を着けることは，原則禁止する。

手ぶらでの通学を禁ずるとはどこにも書いていないが、数名の不勉強な教員に指摘された（赤線は当時引いたもの）ところで、サブバックとは何だろうか？

出くわしました。彼もサイクリング中でした。私は彼の顔を全く知らなかったのに対し、彼は私のことについて非常に詳しく、当時の私が起こし、教職員間で話題を呼んだであろう様々な出来事を話し始めました。在学中の私が何かおかしなことをすると、彼は2学年下ながらすぐにそれを察知していたらしいのです。なぜ有名になったのかを自分では理解していませんが、陰気で真面目そうな外見から一転して、話しかけてみると陽気でユーモアに富んだことを話すといった評価が他の学科生の中でなされているとのことを、先生から聞いたことはありました。他にも校則で禁じられていない行為は何でもやるという極端な性格が、良くも悪くも話題になっていたのかもしれません。会ったこともない上級生や下級生に話しかけられることも、在学中から珍しくありませんでした。また、そもそも生徒会の役員をしていたので、学校内ではかなり目立つ存在でした。生徒会活動は部活動に貴重な青春時代最後の時間を奪われることは避けたく、しかし何もしていないとJRでの就職試験で不利にならないかと懸念していたことから、それよりは時間的非効率が少ないだろうと考えて始めたことでした。当然、選挙ではそのことをひた隠しにしました。また、教員にはなるべく優等生の印象を与える必要があると考えていたので、教員室の前で見えるように自習し、勉強中の姿を1秒でも長く教員の目に晒すことを徹底しました。その効果は当然教員室前を通りがかる生徒たちにも副次的に及び、知らぬ間に知名度を高めているはずでした。当然勉強自体も効果を上げ、蓄えた英語や観光地などの知識は今でも動画投稿で活用しています。高校2年生の頃から自身の知名度の高さを自覚するようになって

いましたが、特に大学合格から卒業の頃にかけて、校内での私の知名度は頂点に達していたようで、短い休み時間を割いて教室にやってきて、私のことを見物する人を見かけるほどでした。人気になっていることに対して嬉しいという気持ちは爪楊枝の先ほどもなく、むしろ面倒な連中が来るぐらいにしか思っていませんでした。しかし、後に自分を人気者に仕立て上げて金儲けをするという発想を得ることができたのは、この経験あってのことです。

JR東日本からの不採用通知

生徒間での人気や成績、鉄道へ

岩倉高校とJRその他

岩倉高校は現在のJR東日本の親戚と言えなくもないような存在でした。校名の「岩倉」とは近代国家の礎を築いた岩倉具視のことですが、彼は現在の東北本線や高崎線を建設した日本初の私鉄「日本鉄道」に出資し、その設立に大きく貢献しています。

岩倉具視が死去したのち、彼の遺業を讃える神社の建立が計画されましたが、それよりも彼の願いでもあった鉄道の推進に直接役立つものをと、日本鉄道の役員、山田英太郎の出資によって鉄道学校が建設されることになったのでした。日本鉄道はその後1906年に施行された鉄道国有法に基づき買収され、その国有鉄道も1987年には分割民営化を受けて解体されました。旧日本鉄道の路線は現在JR東日本によって運営されています。

すなわち私の母校は、JR東日本の先祖にあたる会社の経営者が作った学校であると言えるのです。

今でも岩倉高校では、山田家の血を引く方が、理事長を務められているそうです。今の校長、浅井千英先生の「英」の字は、日本鉄道の時代から受け継がれる、岩倉高校の歴史を語ります。

の愛着がほとんど採否に影響を与えないであろうことを承知したうえで、JR東日本の入社試験に臨みました。忘れもしない、と言いたいところですが日付はすっかり忘れてしまいました。確認してみると2015年9月21日と22日に実施されたようです。JR東日本東京支社に呼ばれ、身体検査、作文、適性検査、集団討論、面接などを2日間にわたって受けることになりました。1階に大部屋があり、壁の向こう側では田端運転所の機関車がうろうろしていたのではないかと思います。この試験を通じて私は何の知見も得ませんでしたし、YouTuberになることにもこの経験は全く関係がないと思われるので、本書で紹介する必要性は低いのですが、読者の皆さんは関心があるでしょうから簡単にお話しします。この入社試験は、自分の中では出来のよい結果であったと思っています。

実力を発揮できましたし、大きなミスもしませんでした。面接で聞かれたことはあまり記憶していませんが、2名の社員さんが始終優しく接してくださいました。現在でもよく聞く「鉄道会社はマニアを採用しない」という噂は5年前もありましたので、面接ではマニアであることを隠した方がいいのではないかと、岩倉生の間でも話題に上がることがありました。私は岩倉高校運輸科卒業の学歴で、鉄道マニアであることを隠そうとするのは、まさに頭隠して尻隠さずの典型にあたる行為と考えていましたから、堂々とマニアとして受験することを決めていました。当時の岩倉高校運輸科における鉄道マニアの割合は、98%ぐらいではなかったかと思います。

面接で話したことを幾つか紹介します。

田端信号場駅を移動中の臨時列車から撮影したJR東日本東京支社1F。この裏が試験会場だったと思う。

「最近、気になったニュースはありますか？」

「はい。御社が運行していた、寝台特急北斗星号が先月に引退したことです。楽しい列車を運行してくださり、本当にありがとうございました。」

「最後の日は上野駅に見に行かれたんですか？」

「実は、あの川口駅で最終列車の切符をお取り頂きまして。」

「ええっ、それはすごいですね！」

最終列車の寝台券は、定価の20～60倍でネットオークションにて高額取引されるほどのプラチナチケットだったのです。

「はい。その係の方には本当、感謝しきれないですね。JR北海道の社員さんもJR東日本の社員さんも、たくさん見送りに出られて、ひとつの時代の終わりを感じました。それと同時に、来年からは北海道新幹線も開業しますし、今度は自分が新しい時代を担う存在になれるかもしれないことを喜ばしいと思いました。そのことを鉄道雑誌に投書したら、一番目立つところに掲載して頂けたんです。」

「それはすごいですね。そんな風に思って頂けてありがとうございます。」

「JR東日本はどんな会社とお考えですか？」

「最初は鉄道の会社と考えていました。でも高校時代に上野駅をよく観察してみて、鉄道をきっかけとして次の何かに繋げる余地が、たくさんあることがわかりました。コンビニやフィットネスクラブなどの駅を使った店舗展開もそうですし、駅を利用した保育所の広告にも高校生ながら目が行きます。また現在私は、乗車券であるはずのSuicaを生活必需品として使っています。ですから現在は……そうですね、鉄道を使った町づくり、生活づくりの会社だと思っています。」

この認識は現在も変わっていません。

「最後に何か、言いたいことはありますか？」

「私は頑張るということに関しては、誰よりも負けないと思っています。今までは勉強をその対象としてきましたが、これからは御社につき従い、その利益となるよう努力する準備ができておりますので、何卒宜しくお願い致します。」

試験が終わった後、結果を知らせるまで半月程度かかるとのことでした。もしも不採用になったらどうするか、そのことが頭をよぎりました。しかし考えてみると不採用になることはそれほどの痛手ではなかったのでした。3年間、JR東日本への就職を目標に努力してきたので、JR東日本への就

職が幸福な人生に直結すると信じ込んでいましたが、よく考えてみれば、高校卒業と同時に充実した仕事を手にできる、いわば1次的なチャンスがいま消費されたにすぎず、私には大学卒業という2度目の大きなチャンスが残されていたからです。2度目のチャンスのことを考えて高校を選択した、中学3年時点での私に、自分で感謝しました。そして、不採用になればJR東日本への就職を遥かに凌駕する幸運な人生を手にできるかもしれないと無限の可能性を感じ、一気に自分が若返った気分になりました。もともと自分の青春時代は高校卒業までだろうと思っていたところ、それがさらに延長される余地があるからです。JRに落ちたら徹底的にやろうと、俄然やる気が湧いてきました。そして何だかもうすでに不採用になったような、前向きな気分になってきたのでした。夢は見ているときこそ一番気持ちがいいのだと気づきました。

10月の頭に担任の先生から呼ばれ、JRの採用試験の結果が知らされました。その「次を考えてほしい、ということになりました。」という言葉はよく覚えています。何だかんだ言いながらも、やはり残念でしたが、特段暗い気持ちにはなりませんでした。帰りに上野駅から山手線に乗り込むとき、気の弱い人はこういうところで自殺するのだろうかと、他人事のように考えながら電車を眺めたのを覚えています。ただ、これから過酷な受験勉強に挑むことになるという現実を突きつけられ、それが本当に面倒でならないと感じていました。不採用を告げられた後、その足で早速銀行に向かい、センター試験の受験料を振り込んできました。もうブルートレインは全部無くなっていたので、受験料をケチってまで寝台車に乗りに行く機会もありません、こんな金はどうでもいいやと思いながら振込用紙に記入しました。

ちなみにこのとき本降りの雨が降っていましたが、郵便局まで往復1キロぐらいの間、傘は差しませんでした。それを目撃した先生に怒られましたし、相当ずぶ濡れになっていたことを他の生徒に心配されもしました。もしかしたら落ち込んでいたので差さなかったように見られたかもしれませんが、これは単に傘が嫌いだったからで、この日に限らず、3年間通じてやっていたことでした。

今でも荷物が濡れて困る場合や、商談などで濡れたら迷惑をかける場合を除いて、傘は差さないことにしています。

学校をサボりまくる

それからは気を引き締めて、起きている時間を全て勉強に費やすことに決めました。ここから新しい人生をつかみ取るにあたり、高学歴は必要不可欠と考えました。東大は難しいだろうから、最初は一橋大あたりに行こうと思っていたのですが、大学受験というのは高校受験の何倍も過酷であることを知り、一週間もしないでとても無理であることを理解しました。3教科しか受けずに済む早稲田大などなら合格できるだろうと、それからは早稲田・慶應や明治大などを目指しての勉強をしました。就職活動をしている頃は、ちょっと勉強すれば有名私立大なら行けるだろうと楽観視していたものの、

やはりそんなことは無く、毎日長時間の勉強を続けました。1日でこなす量のノルマを設定していましたが、歩きながら勉強するなどしても普通の勉強量では到底追い付かなかったので、20時間以上にわたる勉強が常態化しました。センター試験の受験料を振り込むため、郵便局に向かっていた途中で、ストップウォッチを使った勉強方法を思いつきました。勉強をしている時間を計測し続け、食事やトイレに行くときは止め、勉強時間を管理するというものです。この方法は無意識なサボりを徹底的に禁止するうえで、大変効果がありました。一方でこのストップウォッチが私の生活を極端に過酷にさせ、ほとんど休憩なしでの勉強を強いたのでした。こんな生活をしていたら体を壊すのではないかと考えましたが、ここで手を抜いたために満足の行く人生を失うことがあれば、それは体を壊したり死んだりするのと同じであり、無意味な休養は死と同等であると理解していましたので、迷いはありませんでした。学校に行くことも控え、毎日外で勉強することにしました。

実際には学校をやめたわけではなく、2カ月間で十数回の欠席と、同程度の大幅な遅刻をしただけでしたが、勉強には大きな効果がありました。10月には「秋の乗り放題パス」という割引乗車券が発売されていたので、それを使って長距離の鉄道旅行にも出かけました。勉強をしていないじゃないかと思われそうですが、高校生時代は電車の中で勉強することが大変多かったので、長距離乗車をしながらの勉強は本当に集中でき、気分も明るくなって有効だったのです。車内で他の受験生が勉強している姿が視界に入るのも良い刺激になりました。長期記憶に役立つ勉強方法だったのかは不明ですが、新宿―松本を往復し、蕎麦を食べたあと奥多摩を一往復した行程のときは、一時１，０００もの英単語を暗記することに成功し、感激したのを覚えています。東京―天王寺を往復して、引退する国鉄３８１系を20分だけ楽しむという行程もありました。出発前に寝坊してしまい、名古屋駅までしか往復できなかったこともありました。泣く泣くきしめんを食べて、ＪＲセントラルタワーを見上げ、15分だけの観光をして最終の東京行き接続に乗り込んだのでした。いずれもほとんど普通列車だけを使った日帰り旅行でした。

移動しながらの勉強は大いに役立ちましたが、移動のために学校を欠席したわけではなく、根本的な目的は学校の束縛から逃れることでした。当時の岩倉高校運輸科の学習体系は、残念ながらあまり大学受験に適したものではなく、文理選択という制度も存在しませんでした（私は卒業してからその存在を知りました）。受験勉強に使う教科であっても、期末試験で１００点を取る程度の知識では入試問題には全く歯が立たない状況でした。さらに鉄道車両の運転方法や安全確認についての学習もしなければなりませんし、商業科や電気科の授業もありましたので、学校の存在は足かせ以外の何物でもなかったのです。家族への説明や説得をする時間も無駄だと思いましたので、父親になりすまし、公衆電話から学校の事務に欠席連絡をするなど、自分の人生を守るために必要と思われる措置は躊躇なく実施しました。そういった極端なことをする生徒は他にほぼいなかったと思われ、このような性格も私を有名にする一因になったのかもしれません。のちに学校から連絡が行き、家族にそのことを知

大学2年次に当時を再現した時の様子。当時と異なり特急列車内で勉強中。

学校をサボって普通列車で新大阪に行き、381系に乗った。

らされることになりましたが、私は家を追い出されさえしなければ、アルバイトで稼いだお金でどうにでもなると思っていたので、家族の言うことも聞きませんでした。

家族はさらに当時の私に食費まで出してくれたので、実際は親切でしたし、私も当時から深く感謝していました。学校へ顔を出しても、一部の教員から来るように言われたり嫌味を言われたりはしたぐらいで、大して厳しい指導もなく、恵まれた環境にあったと思っています。ただ、それまで親しくしてくれていた一部の先生との関係が、この件で徹底的に破壊されてしまったことは申しわけないと考えています。それでも、自分の一生に関わる重大な挑戦の最中には、できる限り自己中心的になることが望ましいとの考えは今も変わりません。実際、当時私の関心はいかにして学力を引き上げるかという課題にのみ向けられていたので、欠席の問題は取るに足らないことでした。また、立場上は声をあげることが出来なくとも、心の中で私を応援してくれていたと思われる先生がいたことも確かです。この場をお借りしてお礼申し上げます。なお、現在私は人生を賭けた戦いをしているわけではありませんから、当然このような極端に自己中心的態度を取ることはあり得ません。それでも、私の中に知らぬ間に根付いた合理性が人生の中で最も発揮された時期であり、またその性質が現在の動画投稿活動に反映されていることも確かですので、ここで紹介させて頂きました。

横浜国立大学に合格

実にセコい話だと思いますが、学校を足かせだと言い放ったにも関わらず、私は岩倉高校に助けてもらい、横浜国立大学に合格しました。まず、幾人かの先生方から「評定がとても良い（体育が4、それ以外オール5だったと思います）のだから、推薦入試を受けてみては？」という話を頂きました。ネットで大雑把に調べてみると、慶應義塾大学文学部のAO推薦入試と横浜国立大学経営学部の公募制推薦入試が目につきました。これらの試験は言ってしまえば学力不問で、面接と小論文だけで合否が決まるというものです。ずいぶん便利な入試制度があるものだと思いました。極端なことを言えば1＋1が分からなくても合格できる可能性はあるわけです（現在横浜国立大学の推薦入試では学科試験も課されるようになっています）。そこで早速、推薦入試の受験資格である学校長の推薦をもらうため、職員室の前へ担任の先生に来てもらいました。文学よりはお金の方が好きだし、腹の足しにならら

ないことは金持ちになってから考えればいいと思ったので、横浜国立大学経営学部志望とすることにしました。

「ずるいね」と言われましたが、それに対して自らも全力でうなずく一方、私は勉強に対しては誰よりも誠実であり、今学校にほとんど顔を出さないことも、より深い知識を追い求めた結果であるのだから、理論上いまの出席状況を見るだけでは推薦に値しない人物とは言えないと主張しました。実際、平成28年度の横浜国立大学の入学者選抜要項には

■企業をはじめとする各種組織の
　経営に関する問題に興味のある人

■興味を持ったら、
　その中の何かに対して疑問を持てる人

■疑問を持ったら自ら解決に向かって
　行動できる人

■その過程で困難に出遭っても
　積極的に立ち向かえる人

と記されているのみで、これらを勘案し岩倉高校の学校長が、学校に来なければならないという困難に積極的に立ち向かっている最中である私を、人物および能力ともに優秀であると判断してくれるな

らば、受験資格は有するはずでした。

実際には担任の先生も優しく対応してくれ、推薦書もとんとん拍子に発行され、受験はできることになりました。志望理由書などの書類は分量が多く書くのが大変で、先生も勝手にやれという立ち位置だったので適当に書いて出しました。書き終わったときに一度だけ見てくれましたが、あまり良い評価ではなかったようです。志望理由書に書いたことで、唯一記憶しているのは以下のことです。

「4年間で得た知識はすぐに古いものになるだろうから、単純な知識の取り入れや暗記だけを求める大学への進学は想定していない。一生涯の学ぶ力を獲得する訓練のための大学進学と心得る。横国大ではそれができるとパンフレットから読み取ったので志望に至った。専門的で自主

大学には行っているのか

岩倉高校の文化祭に行ったとき、お世話になった先生から「ちゃんとやっているのか」と聞かれたことがありました。私はそれを聞いて確定申告を公正に行っているのか聞かれたものと思い、きちんと納税していることを報告したのですが、実際には大学に通っているのかを質問されていたようです。

確かに高校時代の終わり、まともに通学をしていなかったのは事実ですが、それは高校に通うよりも明らかに効果的な学習方法が存在していたからで、勉強することを放棄していたわけではありません。大学での学習においては、私の能力では講義に出席して説明を聞く以上に効果的な学習がありませんでしたので、余程のことがない限り全ての授業に出席し、真面目に勉強していました。大学2年の後半から今に至るまで、単位を落としたことはありませんし成績も優良と認められ続けています。動画の撮影のためにあちこちを飛び

的な研究のやり方を体得し、不足を感じたら大学院に進学して増強する。」大筋はこんなことを書きました。受験勉強の開始と同時にやめたバイトで稼いだ金はまだ残っていたので、高いなあと思いながら1万7,000円を納めました。

11月6日が試験の日だったような気がします。JRの受験の時には面接の練習を何十回も重ねましたが、今回はギャンブル受験であり合格するとも思えなかったので、全くの無策で挑みました。論文や面接だけとはいえ、実際には5倍程度の倍率をくぐらなければいけないので、公募推薦も決して甘い試験ではないのです。小論文というのも何だかよくわかりませんでしたが、図書館に置いてあった「小論文の書き方」の本を見て、やたらと細かいことが書いてあるので、頭括型（冒頭に結論を持ってくる書き方で、実

回っていると、大学にはきちんと通っていないような見方をされることが多いものです。難しい授業を聞き逃し、他の学生より遅れることを防ぐために、様々な場所から大学を目指して通学してきました。北海道の札幌から始発の飛行機で通学したことが2回ありますし、関西・九州から寝台特急で通学した回数は片手で数え切れません。

日本最西端の与那国島や、数千キロ彼方のシンガポールから飛んできたこともあります。遠方からの通学は日常的なものであり、このようなことを何度繰り返したかもよく分かっていないほどです。ただ、授業に出席すればそれで良いというものでもないはずです。授業には出席するけれど、後方で携帯電話を操作して話を聞いていない。そんな学生をよく見かけますが、国際線に乗って大学へ通うような人間からしたら、そんなことのために通学する理由がわかりません。話を聞けと説教するわけではないですが、携帯電話の操作をするために大学へ来るくらいなら、サボって家で同じことをした方が効率的だと思わないのでしょうか。

力のない人には書きやすく、時間不足で結論を書けずに終わることを回避できる）という言葉だけ覚えておくことにしました。対策の仕方も知らないので、試験の待ち時間は日本史の暗記など、横浜国立大学と関係のない一般入試の勉強に徹していました。他の受験生は当日の日経新聞などを持ち込んでいたようで、そんな手もあるのかと思いましたが後の祭りでした。そもそも、あまりにやる気のなかった私は、試験会場へ時計を持参し忘れたことを、試験開始間際になってようやく気付いたほどでした。

最初は小論文の試験です。問題は4つありました。解答欄をきちんと埋められた問題はたった2つでした。どうせ時計はないのだから、好き勝手やろうと思いました。その結果なのか知りませんが、その2つはとても良く書けました。1枚目の用紙には、自動車王フォードが超低コストの単一車種「T型フォード」で業界トップに躍り出たのに、その後シェアの多くをGMに取られてしまったことが書いてありました。どうやらフォード氏は所有する車種が社会階層の証明になっているという、当時流行り始めた風潮が嫌いで、T型フォードに対する上位車種を全く開発しなかったようでした。フォードの経営判断を評価しろという問題が出ていたので、ボロクソに書いておきました。「他社の伸長に気づき、その原因も理解していたのに、一切の対策をしなかったのは営利を追求するはずの企業の経営者としては、最低の評価を与えざるを得ない。自社の利益を他社に横流しするも等しい行為である。」

続いて、「このように製品本来の目的を外れ、違った目的で消費されるように変化していった商品の

寝台特急はくつる（1964年運行開始）

寝台特急北斗星（1988年運行開始）

寝台特急カシオペア（1999年運行開始）

TRAIN SUITE 四季島（2017年運行開始）

事例を述べよ」という問題がありましたが、これに関しては非常に簡単でした。

「かつて、上野―札幌間では、寝台特急「ゆうづる」「はくつる」と青函連絡船、特急「北斗」「北海」を乗り継ぎ、夜間帯の時間を活用することで航空機の速達性に近づける鉄道輸送が主流であったが、1988年の青函トンネル開通からは、東京対北海道の夜間における鉄道輸送に変化が見られるようになった。同年運行が開始された寝台特急「北斗星」は単に上野―札幌間での直通サービスを実現したのみならず、従来の2・3段式寝台から豪華な寝台個室への転換、専用食堂車の製造と運用復活などにより、約16時間の移動を楽しむという文化を大衆化することに成功、一時代を築いた。他方で、航空運賃の低廉化により、時間面でも運賃面でも航空機に対抗することはできなくなっていった。今年8月をもって「北斗星」は廃止されており、採算性の問題から今年度中に全ての札幌行き寝台特急が運行を終了するが、再来年度からは数十万円の旅行代金を設定すると思われる豪華列車、「TRAIN SUITE 四季島」が北海道方面への夜間走行を実施する予定となっている。元来深夜時間帯の確保のために生まれた夜行列車は、交通網の拡充と共に、それに乗車すること自体が一つの楽しみとして消費されるようになっており、設問文に類似する例と考えられる。」私は大学の先生ではないのでわかりませんが、低くはない点を貰える答えだと思います。ここでもまた寝台車の話をして乗り切りました。一方、その後にはかなり難しい問題が2つ並んでいて、国際為替だか年金基金だか、公定歩合の話が出てきたような気がしますが、ほとんど意味が分からず、3行ぐらい書いただけで時間切れになりました。

手も足も出なかったわけではありませんが、比較的簡単そうな問題に解答できただけでは、5倍の倍率を突破できないことは明らかでした。実際には、明らかだと思い込んでいました。昼休みになったので食事しようと、横浜駅で買ってきたシウマイ弁当をぶら下げて、学内をさまよっていたら広場がありました。当時そこにあった汚いベンチを見つけ、丁度いいのでそこで弁当を広げ、面接の待ち時間も無駄と思ったので、食べ終わったら午後の試験を放棄して帰ることにしました。ただ、椅子に座った瞬間に気づきましたが、よく考えれば学校からの推薦状を携えた受験生が試験の途中で家に帰るとなどとんでもない話で、岩倉高校の後輩にとっても迷惑極まりないはずです。いくら何でもたか

だか1～2時間のためにそんなことをするわけにはいかないと、それぞれの学校への礼儀と思って試験は受けようと思いなおしました。

面接のときは順番に面接室前に案内されました。廊下が待合室になっていて、部屋の前に並んだ椅子に掛けて待つのでした。その日は11月のくせに寒く、係の人がストーブを引っ張り出してくれて、その暖かさにとても落ち着くことができました。大して頑丈な作りではなさそうな扉の向こうから、他の受験生が大きな声で面接をしている声が聞こえてきて、彼は学級委員だか部活だかの話をしているらしいことが感じ取れました。それを聞いて急に私は自信を取り戻しました。学級委員だとか、部活動だとか、そんなことを大学教授に話すことに意味があるのだろうか？　この面接で求められていることはただひとつで、自分がいかに横浜国立大学で学び、成果を上げる余地があるか示すことのみではないだろうか？　もしかして、周りも大した実力はないのでは？　そう思って見回してみると、緊張で震えている受験生や用意した回答のメモを熟読する受験生もおり、パチンコを打ちに来た感覚で座っている自分は、この中でだいぶ種類の違う人間であることがわかりました。順番が来たときもパチンコ台の丸いやつを回す感覚でドアノブをひねりました。今の背広（スーツ）チャンネルのような語り口だったと思います。「コンコン、こんにちは。失礼します。上着を持ってきたんですけども、ここのテーブルに置いてよろしいですか？」就職試験じゃあるまいし、一挙手一投足をいちいち気にしてもしょうがありません。「岩倉高校から参りました、スーツです。どうぞよろしくお願いいたします。」

ここまでは調子がよかったんですが、どんな質問をされるのか全く想定していなかったので、面接も良くできたとは言い難い自己評価でした。「ではまず、なぜ本学を推薦で志望したのですか?」「(これぐらい予め考えてくればよかったな…)えーと、鉄道マニアで鉄道会社に将来は就職したいと思ってまして、それで岩倉高校に入りました。そうしたら段々就職活動を進めていく中で、鉄道会社の経営というのはどのようなものかと興味が湧きました。興味はあるんですが、どうやったらいいのか分からないものですから、大学で勉強してできるようになろうと思いまして。横浜国立大学に来れば、自分で将来にわたって学修を続けるやり方を教われると書いてあったので、受験させていただきました。ただ、前まで鉄道会社への就職対策ばっかりやってまして、急に進路変更したものですから、いま一生懸命勉強しているんですが、今年の一般合格は厳しいんじゃないかと思っているんです。そこに推薦入試というものを見つけて、私のような者も応募資格を頂けるとのことでしたので、挑戦させて頂いております。こと私に関しては、勉強なら入学してからでも怠けることなくちゃんとやれますので、入学のための受験勉強に割く時間を短縮して、すぐ大学に入っても良いと認めて頂けるのであれば、その分の時間を学部の勉強においてありがたく活用させて頂きます。これが不合格で、一般入試も不合格でしたら、また来年参りますのでよろしくお願いいたします。」

「経営への興味について、具体的に聞かせてください。」これは、そのまま話せばいいだけなので簡単でした。「高校で簿記の勉強をして、貸借対照表（本当は損益計算書と言うべきですが、このとき間違えました）というのを知りました。それで、鉄道会社の研究をする授業のとき、赤字で話題のJR北海道のやつを見てみたんですけど、そしたら実際赤字ではなかったんですよね。なんでだろうと思ったら、経営安定基金運用益という変な収益が発生しているみたいで、それを調べたら鉄道整備ナントカ支援機構という独立行政法人にJR北海道が金を貸していることが分かりました。それでしかも一般の社会ではあり得ない高い利息を貰っているらしいこともわかりました。結局、ああ、そういうルートで国から赤字の補てんがなされているから、今のところJR北海道は潰れないのだなとわかりました。こんなことが、横浜国立大学に入れたらもっとできるようになると思うので楽しみです。」

「ところで、どうして経営学科を志望したのですか？　経営システム科学科、国際経営学科、会計情報学科が本学科にはありますが」

当時、横浜国立大学経営学部には4学科が設置されていて、入学時に自分の専門を決めることになっていました。しかし経営学の事など実際には何もわからないし、スライド合格という制度があって、合格水準に達している場合は、他の学科に合格という保険があったので、適当に当たり障りなさそうな経営学科を選択しておいたのでした。ここでは、それをもっともらしく、立派な考えであるかのように取り繕うことにしました。

「経営学のことは少し本で読みましたが、まだその入り口に立つことすらできていないと思っています。

私は漠然と、経営に興味があるので経営学部へ来たというだけの人間ですから、その段階で専門科目を決定することは難しい状態にあります。経営システム科学科、国際経営学科、会計情報学科、今の私にはどの内容も大変重要に見えます。どれかを選ぶということは、どれかを諦めるということですから、入学してからその判断をするのが相応しいかと思いそうしました。」これは実際正解で、入学した時点で選考の縛りがなかったために、大学3年次に会計を専攻することを決定できました。大学3年次に会社経営者となり、会計の勉強が必要になりましたので、他の専攻だったらもしかすると非効率な勉強を強いられていたかもしれません。ちなみに、ちょうど翌年から入学時に学科を選択する制度は廃止され、経営学科1本に集約されました。

面接はうまくいったように見えるかもしれませんが、これぐらいのことを話す受験生は他にもいると思いましたし、何より私は学科編成に関してのやり取りの中で、各学科のことを十分に理解していないことを見抜かれてしまいましたので、やはり合格には遠いだろうと感じていました。

「では、最後に何か聞きたいことはありますか?」

せっかく一流の学者と一対一で話す機会なので、どうでもいいことを質問してみました。「これは単純な興味なんですが、先生方は経営学をどのような学問とお考えなのでしょうか? 人によっていろんな捉え方があるそうですね。」

「そうですね。経営学の中にももちろんいろいろありますが、似た名前の経済学と比較してお話ししま

す。経済学は、政府・家計・企業の3者を中心に、カネの流れを考える学問です。対して経営学というのは、環境の1要素である企業が、その中でどう行動するべきであるかを考える学問だと思います。あと、これからはぜひもっと鉄道だけでなく、視野を広げて勉強するといいと思いますよ。せっかく大学に行くわけですから。」大変興味深い話でした。この面接で話したこと全てが濁りのない真実であったとは言えませんが、面接の先生方から聞いた話は実際面白かったので、試験関係なしに有意義であったとお礼を言って帰りました。そして、もう二度と横浜国立大学へ来ることはないだろうと思いました。

結果は12月の上旬に発表とのことでしたが、合格だけはあり得ないだろうと考えていたので、完全にそのことは忘れ、毎日の勉強を続けていました。ちょうど発表の日の夜に偶然そのことを思い出し、見ても仕方がないとは思いながらも横浜国立大学のホームページを確認してみることにしました。受験番号はＤ００８２番です。国鉄時代よりＪＲ北海道・東海初期にかけて「おおぞら」「北斗」「ひだ」などで使われたキハ82系という特急用ディーゼル車両があり、それと想起させる番号だから簡単に暗記出来たのでした。

合格発表のページを見てみると当然のようにＤ００８２番が表示してあり奇妙に感じました。パチンコで1万円ぐらい勝った気分です。千円札が道に落ちているのを見つけた気分とも近かったかもしれません（拾得した現金は必ず交番に届け、その後適法に受け取っています。また、パチンコをやったことはありません）。こんなこと本当にあるんだな、というのが一番の感想で、あまりにも突拍子がなく、嬉しいと感じることもありませんでした。また、実はキハ81系とキハ82系を勘違いしていて、自分の受験番号は実はD0081番ではなかったかとも疑いました。ただ、キハ81系は上野―青森間の特急「はつかり」、天王寺―新宮―名古屋間の特急「くろしお」でしか使われず、北海道へ上陸した実績はなかったのですが、私は卓上に置かれた自分の受験番号D0082と筆記・面接試験で両方回答したJR北海道の列車が、小気味よく揃って

キハ82。

原 俊雄先生

横浜国立大学に友達がいないので、いま最も親しくしているのは所属ゼミ担当の原先生です。横浜国立大学経営学部卒業で、先輩にもあたります。動画にも出演頂きましたし、今後も出て頂けると伺っています。本書の出版も楽しみにしていただいており、帯文を書くとのご提案も真っ先に頂けました。大変ありがたいお話です。

原先生の専門は会計学で、会社経営をするなら勉強しておいて損はないと思い、私も専門にしたのでした。横浜国立大学には会計学を専門とする先生が大変多いので、どの先生のゼミに所属するかの選択肢もかなり多くなっています。

どの先生も大変すばらしい方々で

なぜYouTuberになったのか YouTuberになるまで

いることに試験中から満足していたので、北海道と無縁のキハ81系、すなわちD0081番との思い違いが起こるはずもなかったのでした（過去の動画でこの表記と相反することを話したことがありますが、今一度当時の記憶を丁寧に辿ってみると、本書に記されていることが事実に近いと思われることをお知らせいたします）。

ここで合格したことは不思議でしたが、間違いでない限り確かな理由があるはずです。実は先日、2020年の2月でしたが、所属ゼミの担当である原先生を囲って飲み会をしたときこの話になり、あの面接はとても良かったとほめて頂きました。原先生は私の面接担当ではなかったのですが、私が面接のときの話を動画で何度も話しているので、その動画をご覧になられたそうです。どこが良かったのかは具体的に聞いていませんが、どうやら私が当時予想した以上の優れた受け答えと評価されていたようでした。ですから、次の「鉄道に関する学習の成果が優れていたから合格した」という自己

すが、その中で原先生のゼミを選択したのは、大学1年生の後半に先生の講義「簿記原理Ⅱ」を履修したことがきっかけでした。原先生は上辺の理解ではなく本質を学ぶのが大学と専門学校の違いであると繰り返しており、私もその通りだと思ったのでゼミに入れてもらいました。

ゼミは皆勤とはいかず、年に2、3度、撮影の関係でどうしようもない場合に欠席させて頂いていますが、大学の勉強は熱心にやっていて、原先生もそれを動画で証言してくださり助かっています。今年2020年は卒業論文提出の年であり、私も作業を進めなければなりませんが、6月中は本書執筆の手間がありましたので、まったく作業が進んでいません。終わり次第すぐに立ち返り、先生に認めて頂けるようなものを作れるよう、勉強を続けるつもりです。

評価が果たして正しかったのかは、ここ最近疑わしくなる一方です。もしかしたら私が思っていたところと別の箇所が高く評価されていたかもしれません。ともかく、この合格体験はYouTuberになる決定を下したことと深く関係しているのです。

当時の私はすでに、単に鉄道に乗るのが面白いというマニアの域を超えつつあり、鉄道を利用していかに金を生むかの観察を17歳の小僧にしては高度に実施していたと考えています。それは岩倉高校在学中の諸過程で確かにその基礎を培ったに違いなく、そこから自発的な興味によって、学校の求める水準を超えた成長を実現していました。そのことはJR東日本の入社試験の時点で何となく気づいていて、そのことを面接の担当者にアピールしたものの、最終的には不採用でした。また、全くの無策で挑んだ横浜国立大学の小論文大問2において、寝台特急の役割の変化を論じたときに、この試験で周りの秀才たちを出し抜くには、彼らに絶対に勝つことのできる、JR東日本には買われることのなかった、鉄道の広い知識を応用することで再度攻めるしかないと何となく感じ取り、面接試験においてもそれを実施しました。そしてそれは実際に成功し、たった半分解答しただけの小論文試験と、何らの準備もしてこなかった面接試験を通過できたのだと思いました。これは即ち、私の鉄道についての学習成果は、面接の技術や小論文の作法、経済学の基礎知識抜きにでも国立大学に入学させるだけの価値あるものであると、大学の教授陣が認めたことの証明であるように思われました。そして、自分の鉄道に関する知識と、それを文章や肉声で発表する能力が、大学の教授に通用したのなら、他

の場所でも通用させることが可能なはずであると考えました。

その場所がYouTubeであるかもしれないということは、早いうちから気づいていました。YouTubeに投稿されている鉄道の動画の大半は、確かに単純な映像資料、すなわち単に列車の通過シーンや車内放送シーンを集めた動画でしたが、一方で映像や画像を組み合わせ、合成音声ソフトによるナレーションを追加して制作された、鉄道の解説動画も当時から流行していました。特に有名であったのが「迷列車で行こう」と呼ばれる動画シリーズでした。これは2009年11月ごろからニコニコ動画にdendenexpressという方が投稿した動画群が人気を得、模倣作品が多数制作されるにつれ、NYのジャズ『A列車で行こう』とかけた名前の文化として完成していったもので、2016年1月当時YouTubeでも十分通用するブランドとして成長していました。内容は鉄道車両を少し辛口で面白おかしく紹介するという点で概ね共通しており、鳴り物入りでデビューしたものの、役目を発揮することができなかった車両や、不気味な顔をした車両、変な名前の駅、聞きにくい車内放送など、対象は多岐にわたりました。その作品数は本当に多かったのですが、中にはかなり質が低いと感じられるようなものもあり、それでも多数の再生回数を得ていたのでした。そして、鉄道の知識を披露することで国立大学に入学したと思われる自分がその文化に混じることは、それほど難しくないような気がしました。実際、当時はタイトルに「迷列車で行こう」と書いておくだけである程度の動画再生を確保することが出来たので、優れた作品を作れば数万再生をたたき出し、月に十万円単位の収益を獲得するような成功を手にできるかもしれないという期待が高まりました。早速動画の制作に取りかかりたいと思いましたが、1カ月の間は我慢しました。横浜国立大学は推薦合格した受験生に対して、センター試験の受験を義務付けてこそいませんでしたが、入学後の英語能力別クラス分けにおいてその成績を使うとのことで、センター試験の実施される2016年1月10日までは大人しく勉強するつもりでした。しかし記録を確認してみると、それ以前にも我慢できず、何本か動画を作って投稿を始めていたようです。

初の「迷列車」動画

センター試験の終了翌日から動画を本格的に作り始めました。2016年1月23日に『名列車で行こう車内チャイム編　ハイケンスのセレナーデの隠れた歴史』という動画を投稿し、これが私にとっての継続的な動画投稿の最初になりました（現在はタイトルを一部変更しています）。私の顔も声も動画には出ていませんが、もしかしたらこのときすでにYouTuberとしての道を歩み始めたのかもしれません。

当時はスーツという名前は存在せず、「usiusa7991」というユーザー名で投稿していました。今では駅構内などを歩いていると視聴者に話しかけられる機会が多いのですが、「usiusa7991の頃から見ていました！」という方にも稀に出くわします。ファンの方はこの頃から存在していたよ

うです。ただ、前日付けのチャンネル登録者数は今の1000分の1程度、504名でした。この動画を投稿する前にもすでに動画投稿をしていましたから、全くのゼロからのスタートでなかったことは幸いでした。迷列車シリーズに着手する前の作品を簡単に紹介します。2014年12月に投稿した、特急列車の車内で流れる放送前のチャイム音源を録音し、まとめて紹介する動画『JR車内チャイム（たぶん）全曲まとめ』は特にヒットし、178,112回の再生を獲得して、これが一番人気でした（現在では、JR各社やそこへ音源提供した会社に対する著作権侵害の性質が強いと判断し、自主的に非公開としていて、ご覧いただくことはできません）。2番目に再生されていたものは『2015・3・14上野行特急北斗星　最後の放送』という動画で、これが17,488回再生でした。

3番目の『上野行き特急あけぼの　最後の放送』の動画になると7,294回まで落ち、1万再生を超えているものは2本しかなかったようです。これらの動画はどれも私にしか作れない特別さがありませんが、貴重であることには変わりなく、寝台車などに関係する映像を楽しみに

名列車で行こう。

思って頂けていたのかもしれません。また、ここ最近になって当時立てられた匿名掲示板、5chの気になるスレッドを見つけました。「鉄オタとYouTube part1」というスレッドの54レス目には、「usiusa7991」が悪質な投稿者である旨が告発されており、書き込まれた2016年1月6日には、すでにアンチが存在したということも確認できました。

『ハイケンスのセレナーデに隠れた歴史』の動画は、再生が増えそうな金曜日に投稿し、初日の再生数は43回でした。翌日、土曜日は91回で、日曜日は57回でした。決して良好な再生回数ではありません。「500人しか登録者がいない以上、この再生回数は当たり前で、真の効果は数日後に出始めるに違いないんだ。まだYouTubeの仕様上、注目されていないだけだ。」巣鴨駅近くの中華屋で、友人から再生回数が少ないことを指摘されたとき、こんな言いわけをしたのを覚えています。ただ、実際それは的確な指摘に違いなく、翌週には毎日200回程度、その翌週には日に300回から400回ずつ再生されるようになりました。そのあとは200回程度に落ち着きましたが、YouTubeの仕組みから考えるとこの動画は成功と言えるものでした。

通常、YouTuberが新規に投稿した動画は主にチャンネル登録者によって視聴され、そのあたりで再生数はほとんど頭打ちになります。また、例えチャンネル登録をしていなかったとしても、そのYouTuberの動画を多く見るなど、興味があるような行動を繰り返しているならば、Google（YouTubeはGoogleが運営しています）の優れたシステムによって「おすすめ」として表示され

ることになっています。このような理由で再生数が増加するのは、長くても投稿から3日くらいの間で、その後は偶然通りがかった、初対面の人がその動画を見てくれるかが勝負になってきます。これは難しい戦いである一方、大きなチャンスでもあるはずです。有名になるためには、1人でも多くの初対面の人に動画を見せる必要があります。例えその絶対数が少なくとも、最初に投稿した数日間とそれ以降を比較して、後者の方が大きいのであれば初期の作戦としては成功です。1週間で数件のコメントが寄せられ、特に最初の1人目はこれ以上ないほどの絶賛をしてくださいました。

ただ、この動画は最近の活動と比較すると問題がありました。後半部分で国鉄の制作した寝台特急の紹介ビデオを、インターネット上からダウンロードして勝手に使っていることは、ここに正直に記しておきます。著作権法によれば、権利者が不正使用者に対しての親告を実施すれば、使用者は刑事罰の対象となる可能性があります。他方で著作物の無断使用が著作者の不利益にならない事例や、むしろ利益を生む事例もあり、無断使用は推奨される行為ではないながら、インターネット上では広く黙認されていました。法律も親告されていない者は罰さないと定めています。そして、50年近く前に存在しない組織によって制作された映像を、YouTube投稿に使用して問題が生ずるとは思われなかったのでした。活動の初期には少なからず類似の行為をしていました。ただ、他人の作った著作物を勝手に使って収益事業をするわけにはいかないので、初期の動画には非公開となっているものが多いのです。肝心の内容は、このときにしてはずいぶん良くできていたと考えています。

この動画はスーツチャンネルの重要な転機にあたる動画ですので、詳しく紹介します。内容はオランダの作曲家、ジョニー・ハイケンスにまつわる話でした。国鉄形客車の車内チャイムとして、鉄道マニアの間では有名だった『ハイケンスのセレナーデ』は、もともと太平洋戦争中に南方の兵士たちへ向けて放送されたラジオ番組、「前線へ送る夕（ゆうべ）」の主題曲として採用されていたもので、年老いた人の中ではそのことで知られているそうでした。ところが作曲者のハイケンスは連合国側、オランダの出身でした。一見すると敵国の楽曲を日本軍の応援に使うように見え、大きな違和感を覚えます。実際にはハイケンスはオランダからドイツに留学したあと、ドイツの作曲家として音楽活動を続けていました。そしてナチ党に協力姿勢を示し、ナチスのために多数の作曲をしたそうです。終戦後、ナチ派と見られたハイケンスはオランダによって逮捕され、すぐに自殺していたと伝えられています。彼の曲もほとんどが失われてしまいました。その中でたった一つ、極東の地で生き残った曲がハイケンスのセレナーデだったのでした。戦前から高度成長期の終わりまでを支えた旧型客車や、動くホテルと呼ばれたブルートレインの車内音楽として、長期にわたり採用が続けられました（ただし車内チャイムとして使われるようになったのは昭和30年代ごろのようです）。日本を代表する列車のひとつ「トワイライトエクスプレス瑞風」にもハイケンスのセレナーデが採用されており、この曲は今後も長い間、鉄道の文化と共に生き続けることになるはずです。

ちなみに、私の動画のタイトルは『迷列車で行こう』ではなく『名列車で行こう』としてあり、流

行とは少し違ったものでした。鉄道会社を茶化すネタを探すのに腐心するよりも、鉄道史に残る名列車を賛美する方が制作しやすく、ネタも途切れず、また視聴者の評判もいいと考えてのことでした。当時の動画は学校の友人たちに紹介し、みな面白いとほめてくれたものです。命を使い捨てるが如く過酷な労働環境の下で建設された、JR北海道の路線を紹介する2作目『屍の鉄路 石北本線』や、人気絶頂の中、寝台特急が次々と消えていく理由を、朝日新聞の報道をヒントに考察した3作目『安すぎた豪華寝台特急』も第1作を上回る好評を博しました。「迷列車で行こう」シリーズの動画には、制作者ごとに○○編と名付けるのが慣例で、私は最終的にこれら3作品に対して「ハイレベル編」と命名しました。中学、高校生の鉄道少年には難しめの内容で、笑いの要素は全くなく、一見すると鉄道と関係のないようなことばかり解説しているのでこの名前にしたのでした。このような動画は当時YouTubeに投稿されていた迷列車シリーズには、それほど無かったように思われます。また、実は他にも「この動画を見て、楽しめているあなたはハイレベルな鉄道マニアですよ(実際は知りませんが)」という意味も隠してあって、それで視聴者の一部が上機嫌になり、また再生してくれたらラッキーとも思っていました。

チャンネル名も「旅客鉄道会社を研究するチャンネル」に変更しました。「旅客鉄道会社」がJR北海道・東日本・東海・西日本・四国・九州の6社を表すことは鉄道マニアの常識で、要するに「貨物以外のJRを研究するチャンネル」という意味でした。旅客鉄道会社という言葉は有名でしたが、一方で使っている人は誰もおらず、一目で印象に残りやすい、優れたネーミングだと思いました。これから先、日常生活で時間を見つけて動画を作る習慣を持つようになりました。動画の素材集めを目的とした旅行はせず、あくまでも旅行は趣味であり、その成果の中から使えそうなものをYouTubeに向けて選び出していました。1か月に5本の投稿が出来ればいい方で、勉強が忙しい月は投稿できないこともありました。

少し話が前後しますが、その後大学に入学してから1か月ほど経って、私はお金に困るようになりました。4月末に秋田—大阪間で運行された臨時寝台電車に乗りに行ったことが原因で、私は所持金をほとんど全部使いきっていました。最終的に大学への通学定期券を買った後、5月を6,000円で乗り切らねばならず、5月の収入も15,000円程度しか見込めませんでした。高校卒業と同時に、これからは再生数も伸びてYouTubeだけで生活できるようになるだろうと、甘く考えてアルバイトを辞めてしまったことが全ての原因でした。実際には4月に入ってすぐJR東日本の駅で案内をするアルバイトに応募したのですが、採否の通知までに2か月かかり、他のアルバイトに応募するわけにもいかなかったので、7月に入るまでYouTubeの収入に頼ることになりました。そこでいろいろ考えた結果、制作した動画たちをニコニコ動画にアップロードして急場を凌ぐことにしました。ニコニコ動画にも「クリエイター奨励プログラム」という制度が設置されていて、1再生で0.3円程度の収益を得ることができるそうでした。ニコニコ動画は当時すでに全盛期の勢いを失っており、将来

的な活躍の場所として相応しいとは思えませんでした。一方で迷列車シリーズの起源の地であるから、ニコニコ動画にしか投稿しない制作者もいるほど成熟した環境であり、YouTubeに新規視聴者を導入しつつ、5,000円ぐらいは手に入るだろうと見込んでいました。この動画サイトの特徴は何と言っても寄せられるコメントの数が多いことで、投稿して数日間は新しい投稿者が増え、迷列車文化が少し広がったことにありがたいという声が多かったのですが、その後は悪口のようなコメントが増え、全体の半数を占めるまでになり、不愉快な思いをしたものでした。それ以上に大きな問題は予想以上に低い再生数でした。YouTubeとは異なり、再生され始めた後すぐにその勢いが衰え、概ね500回、良くても2.000回で頭打ちとなったのです。合計で6,000再生程度を獲得しましたが、それでは1,800円にしかなりません。またニコニコ動画の仕組みをよく調べてみると、再生数が換金可能な「ポイント」になるまでには4カ月かかり、その換金は10,000円相当（当時）のポイント以上でなければできず、しかも9月末にはそのポイントも失効してしまうとのことでした。要するに、私の動画をニコニコ動画へ投稿しても1円にもならないことがわかりました。私はその事実に失望し、自分の動画が収益の発生しないニコニコ動画で

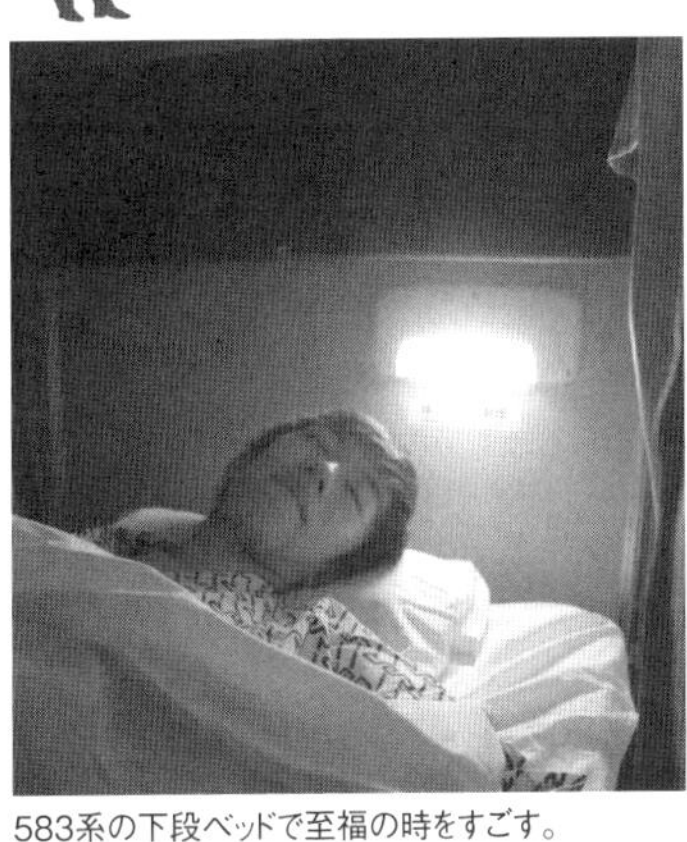

583系の下段ベッドで至福の時をすごす。

再生されることを避けるため、すべての動画を削除してニコニコ動画を去りました。当時は収益金の魂胆を隠していましたので、削除の理由は寄せられるコメントが不愉快であったからということにしておきました。生活費に関しては学力調査のアルバイトを紹介してもらい、日給7,500円を手に入れて切り抜けました。椅子に座って気楽にセンター試験のような問題を解くだけの、楽なアルバイトでした。珍しい列車の撮影などのための移動には、ヒッチハイクのお世話になりました。

私のことが嫌いな人について

私のことが嫌いな人は、世の中にかなり多くいるだろうと思っています。私のやっていることが社会通念上不適切であるかは別として、特殊な喋り方やYouTuberという存在そのものが嫌われることもあるでしょう。私自身YouTuberが嫌いでしたので、私のことが嫌いな人の気持ちはよく分かっているつもりです。特に、鉄道の動画を見ようと思ってYouTubeで検索をすると、私の動画が当たり前のように上位に出ることは申しわけないと思っています。もちろん上位に出るようでなければ困るのですが、見たくもないものが次々表示されるのには耐えかねるという方も多いはずです。

見たくもないものを見せられた視聴者の中には「アンチコメント」と呼ばれるコメントを送信する人もいます。本書の他の場所でも何度か列挙しましたが、改めてインターネットのあちこちから探し集めてみました。原文の一部をそのまま紹介します。「動画消せ」「死ね」「こんなやつの広告は剥がせ」

「YouTubeやめろ」「ブサイクキモオタ」「普通に喋れないのか」「撮影下手すぎ」「なんでこんなに嫌われるのか考えてみないとね」「守銭奴」「調子乗んなよボケ!」など色々ありました。私はこういったコメントを丁寧に読み、よく反省することを習慣にしています。特にその手の人たちはインターネット掲示板「5ch」に何故か集まりがちなので、自分のことを書いてある掲示板を覗けば大抵の事は足ります。これも不思議なことですが、アンチの人たちは嫌な動画でも我慢して見続け、片端から粗探しをしていくので、自分専用の教材として使うことができるのです。私は向上心をそれほど持っていませんが、素人として何の見識もなく出発した以上は、何らかの方法でプロとしての適切な言動を習得していかなければならないことが明らかですので、アンチコメントを教材として使っています。YouTuberはかなり自由な働き方をすることができますが、日夜送られてくるアンチコメントを見て精神をおかしくしないかが、この類の仕事に就く適性を左右する最大の要素かもしれません。後で述べますが、私は元々アンチコメントが嫌いだったものの、儲かってくるにつれて気にならなくなってきました。

前述した暴言の例に則って説明すれば「動画消せ」「死ね」から学べることは少ないものの、「ブサイクキモオタ」以降からは改善の余地をある程度見出すこともできそうです。実際「ブサイクな顔をアップで映すな」「顔がキモい」というコメントは最も頻繁に見られるコメントで、悪口という以上に見た人の率直な感想でもあるはずです。頻繁にそう言われるなら、本当に多くの人が私のことをブサイクだと思っていることが明らかなのですから、そんな顔は公衆にさらさない方がいいのかもしれません。細工の悪い顔を見て不快な気分になるためにYouTubeを開く人はまずいないでしょうし、仮に私が世紀を代表する美男子だったとしても、主役は鉄道車両なのですから自分が映っている必要性はそれほど高まりません。私は最長往復切符の旅あたりまで、頻繁に自分の顔を映していたのですが、その理由は「YouTuberは自分の顔を動画に映すものだ」と信じ込んでいただけのことでした。

そこで動画の性質によって自分の顔をたくさん映したり、そうしなかったりと分けていくことにしました。例えば『【中国】世界最速の鉄道・本物の浮上式リニアモーターカー』『寝台特急「明星」熊本行き復活運行 サロンカー明星の旅』『【前面展望】近鉄特急「ひのとり」プレミアムカー最前列に乗車』などの動画はいずれもそこに映っている鉄道車両そのものが貴重であるので、わざわざそこに人間を映して気持ちの悪い思いをさせることは避けました。

「普通に喋れないのか」というコメントもよく見ましたし、今でも「喋りがウザい」というコメントは多いものです。黎明期は確かに普通の人とまるで違う喋り方をしていましたので、それが気持ち悪いというのも理解できる話です。本当はもっと普通の落ち着いた話し方もできたのですが、知名度が低いときは動画のために用意した特別の喋り方で、視聴者に印象をつけさせることが第一との考えを持ち、罵声を承知で特殊な喋り方を続けていました。ただ2018年ごろには、特徴をつけて視聴者に覚えられる必要がない程度の知名度を達成しましたので、変わった言い回しをすることを控え、普通

の早口に切り替えてきたつもりです。それでも今、2020年に2年前の映像を見ると、自分でも変な喋り方をしているように感じられ、見る気もしなくなります。昔の自分を見て変な喋り方だと思うぐらいですから、当時私の喋り方を異常だと言ってきた人たちもあながち間違っていなかったのです。きっと今私の喋り方をウザいと言う人たちも、それほど間違っていないのだろうと考え、なるべく多くの人に快い喋り方を追求するため努力しています。

暴言を視聴者から送られてくる改善案と読み替えれば使いようもあるのですが、他方でほとんどの暴言は視聴者の個人的な感想にすぎないということを良く自覚しなければなりません。送られるコメントのうち、おそらく99%以上は暴言でないものです。動画にコメントをするような人の大半は私の動画をいつも見ているでしょうし、逆に私の動画など見る気にならないという人はそもそも意見など送ってきませんので、その壁を越えて届くアンチコメントを聞き入れることには意味があるのですが、しかしそれでも彼らはたった1%未満の存在です。まして、インターネットで他人に暴言を送るというのは、現代では最もみっともない行為の一つとされているようです。そんなみっともないアンチコメントを送ってくる人物は、一般と著しく乖離した異常な感覚に基づいた発言をしているだけという可能性が十分にあります。実際、大半はそうなのではないでしょうか。そして、そんな人の話に耳を傾けても新規顧客を増やす役には立たないかもしれません。例えば最近、「鉄道、旅、そのほか、なんでこんなに観ている人から否定されるのか考えないとですね（原文ママ）」というコメントを受け取りましたが、その動画に与えられた低評価数は全体の4％にすぎませんでしたし、スーツチャンネルの動画全体で見ても95％以上の高評価率で推移していますので、「なんでこんなに観ている人から否定されるのか」という疑問が生じる余地は、本人の頭の中以外にはないと考えるべきでしょう。

このようなコメントを大量に送られることで、気を病むことはないのかとご心配頂くこともあります。もしかしたら私が自己暗示をかけているだけで、日夜送られる悪口によって、すでに心がボロボロに崩れているという可能性も確かにありますが、今のところ気に病んではいないし、生活に支障を来すということもなさそうです。ただ、YouTubeでの活動を始めたばかりの頃はずいぶん嫌な思いをしました。高校生のころから、校内の教員間で行われる私の陰口が耳に入ってくるなどの経験をよくしていたために、悪口に関しては慣れていた方でしたが、インターネット上の悪口は不当なものが多いのでした。前述した「なんで否定されるのか考えないとですね」のコメントのように、言ってしまえば相手がバカだから発生しているとしか言いようのないものは数え切れませんでした。普通なら相手が目の前にいますので、その場でいかに自分の言うことの道理が通らないかを理解させ、悔しがらせることができるのですが、画面の向こうとなると話は別です。わざわざインターネット掲示板で追いかけ、相手に自分の話を聞かせるのは大変な手間ですし、そんなものに時間を取られてしまっては活動の本質たる収益事業もおろそかになってしまいます。だから放置するしかありませんが、放置した以上、相手は自分が馬バカなのだということに気づかないまま、楽しい気分でいるはずです。ど

うにも虫が好かぬ思いでした。結局、この問題はお金（収益）が解決してくれました。チャンネルの運営が軌道に乗ってくる喜びは、まさに天にも昇るほどのものです。それまでは悪口を見たときは相手にしないための努力を必要としていましたが、お金を得ると多少の悪口は本当にどうでもよくなってしまうのでした。また、何万、何十万という再生回数を獲得していくにつれ、その中に理解不能な感覚を持った人が紛れ込むことも、確率論上ごく当たり前なのだということに気づいていきました。人口の10万人に1人が狂気のクレーマーだとしても、数万回再生の動画2、3本で確実に1人はやってくる計算です。当然その頻度も高まり、暴言は毎日に何度も見る、当たり前の存在に変わりました。当然その数百倍の量のファンレターも届き、いよいよファンレターもアンチコメントも空気同然の存在となりました。「空気」というのは我ながら良い表現で、そこに存在していることに特別の感情は湧かないのだけれど、その存在は重要であるわけです。発生する収益と将来にわたる収入の可能性だけが、今の私の心を掴むほとんど唯一の懸案事項であり、コメントの数々は今後も収入増加の道しるべとして活用していくことになるでしょう。

ただし、今も無視できない種類のコメントが3つあります。1つめは私に対して悪口を送っているように見えて、それ以上に他人が傷つくと思われるものです。例えば「お前障害者だろ」というコメントが私宛に届いても私は気にしませんが、この文脈には障害者に対する極めて自然な侮辱の意思がはっきりと表れています。共演した方への悪口も同様に悪質な行為です。私に対する悪口は今のところ気にしていませんが、他の人が同じかどうかはわかりませんので、動画に寄せられる他人に向けた悪口は見つけ次第削除するのみならず、同じ人物が二度と書き込めないような処理をすることにしています。

無視できないコメントの2つめは、嘘によって私の評判を落とそうとするものです。中には悪意のない人違いという例もありましたが、「駅構内等でスーツが〇〇をしていた」と、まるで本当のことかのように喧伝されることには大変苦労しています。今まで見たもののうち明らかに嘘だと判明したものはおそらく5件で、紹介できるものとしては「新幹線車内で大声を出していたため注意したが、いくら言ってもやめなかった」とか「この前京都市バスの中で大声で撮影していた」「〇〇号の車内にて、取り巻きを引き連れて何度も車内をうろうろし邪魔だった」というものがあります。最初の例に関しては、これまで第三者から声がうるさいと撮影をとがめられたことは一度もありませんので嘘と確認できます。2つめのバスに関しては、車内で他人に聞こえるほどの大声を出しながら動画を撮ったことがないし、そもそも該当する時期は世界一周旅行の最中でしたので、嘘と証明できました。3例目も私が乗っていない列車の話でしたが、本人から人違いであったと後でお詫びを頂きました。他の会社の敷地内で不適切な行動を取り、出入り禁止になることは絶対に避けないといけませんので、今後も嘘と思われる書き込みには厳しい対処をする必要があると考えています。

3つめは純然たる批判の意見です。ここまでは法的に問題があると思われる誹謗・中傷行為のみ

に言及していましたが、実際には日々チャンネル運営への苦言が送信されていますので、考慮に値すると感じたものは自分の中に取り入れ、的が外れていると判断したものは放置するということを、YouTubeでの活動を終える日まで継続したいと思っています。もちろん人々に自分の問題点をさらけ出すわけにはいきませんので、厳しい自己監視を行っているつもりであり、人々から信用を失ってしまうような失敗をした経験はありません。また、まだ22歳の若者である特権なのか、軌道修正も認めて頂けているようです。自分を定期的に反省して、過去の不適切な点を発見した場合には、「あのときの発言は、今思うと配慮に欠けていたと思っています。」等、随時視聴者に報告することにしています。そうすることで視聴者との信頼関係が築けているのかもしれません。これは本来人間として言うまでもないことですから、この項が短いのも当然でしょう。

横浜国立大学入学

私は今も大学に在学中ですが、私にとっての事実上の大学時代は、大学に入学した初年度、2016年度だけを指すような気がします。2年生以降の本業は明らかに大学生というよりYouTuberであり、勤労学生に近い存在であったのです。とくに1年次の前半では金策に苦労しました。まず3月上旬に母が、入学式で必要であるのだからとスーツを購入するように言ってきました。大学生は入学式のためにスーツを仕立ててくるのだそうです。私はそんなものを買ってまで入学式のパイプ椅子に座ろうとする大学生たちの気持ちが全く理解できませんでしたが、スーツはアルバイトの面接などでどうせ必要になると思ったので、渋々購入することにしました。シャツまで一そろいで3～4万円ぐらいの費用は、貯めてあったアルバイト代から賄えました。それまでの私は服、特にズボンを殆ど持っておらず、土日・祝日も旅行の時も、卒業式の後でさえも、岩倉高校の制服かアルバイト先の制服を着て出かけていました。続いて入学式に出席する必要が全くないことに気が付き、休んで動画制作の時間に充てるべきだと考えましたが、母が入学式の様子を見たがるので、学費を払ってくれるお礼のつもりで出席しました。

入学式は4月5日に行われました。この日、私の大学生活の根本的な方針が決まりました。式そのものに対しての印象は特にありませんでしたが、帰りに異様な光景を見ました。母が元町・中華街でご馳走してくれることになったので、たらふく食べて出てくると、中華街の入り口に横浜国大の新入生と思われる20名ぐらいの男女が集まって、騒ぎながら記念撮影をしていました。付属高があるわけでもないのに、20名もの知り合い同士がまとまって大学に入学するとはおかしな話で、母と2人で首をかしげながら通り過ぎました。入学式の会場でも隣の席になった新入生たちがお互い仲良さそうに会話していたのを思い出し、初対面のはずなのに親しげに振る舞う彼らを薄気味悪く思いました。これは最近になって分かった話ですが、Twitterなど SNSを使い「#春から横浜国大」等の書き込みを狼煙(のろし)として、交友関係の根回しを開始するという慣習が、大学生の間には当時からすでに根付

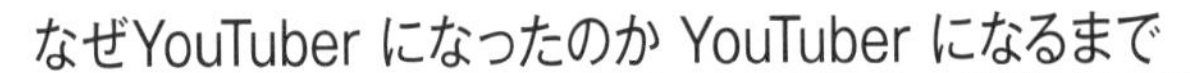

入学式の写真。母が撮影してくれた。

いていたようです。そして、交友関係が広ければ広いほど大学生活を送りやすくなる傾向にあり、例えば出席確認や宿題の提出において不正行為がしやすくなるとか、勉強せずとも単位を取得できる「楽単」情報を手に入れやすいなどのメリットがあるそうでした。そうでなくても、学生が自分でどの講義を受講するか全て選択するのは難しいことで、友人や上下級生とのつながりは貴重な情報の供給源として確かに有用です。その後マクドナルドに入ってお茶を飲ませてもらっていると、母は私が各講義の受講方法を全く理解していないことを指摘しました。講義は翌朝の8時50分から始まることになっていました。私は、さっき集まって記念写真を撮っていた不気味な集団は、きっとそういうことも分かっているのだろうと気づきました。そこで早速マクドナルドを飛び出し、横浜国立大学と書かれたジャージを着ている男性を見つけて声を掛けました。彼は何もせず突っ立っているだけだったので、声をかけるには最適でした。「すみません。わたし新入生なんですが、大学ってのがどういうところか未だによくわかっていなくて、申しわけないんですが上級生の方とお見受けしました。少し質問させて頂けませんか？　授業の時間割を見て、好きな授業に座っていればいいんでしょうか？」その方は経営学部2年生、ラクロス部所属のSさんという方でしたが、LINEの連絡先を教えてくれたら、後で時間を取って教えてあげるよと大変親切に接してくださったのでした。その晩、S先輩より大変親切な大学生活の手ほどきがありました。先輩から頂戴したおすすめの講義情報なども参考に、どの授業を選択するか、的確な決定をすることができました。私は当然心からの感謝をしたのですが、その一方で味をしめてしまいました。

大学生活は情報の多い方が有利であり、その源である友人関係を築くことが定石であるということは何となく知っていましたが、実はそんなことをせずともその辺にいる優しい学生に聞けば、大半の情報は揃ってしまうのでした。そして、なんだか自分は「大学ぼっち」になるような気がしました。学内に全く友人がいない学生を「ぼっち」と呼び、学生生活を寂しく感じるとか、単位取得が難しくなるらしいことが、2ch掲示板に書いてあったのです。実際、寝台車に乗るための費用捻出しか頭にない私には友達の多寡などどうでもいい話で、情報が必要になれば聞き込みで対処すればよいということも分かったので、ぼっちとなるのは必然的であったのは間違いなさそうです。実際には、周囲の学生がしている話を注意深く聞き取れば、大半の情報は耳に入ってしまうのでした。

この入学式の出来事によって、私は自分の大学時代の時間をほとんど全て自分のために、周囲への気づかいなく使うであろうことを察知し、現実にそのとおり、好きなことだけをやって過ごしました。

誰とも触れ合うことのない大学の休み時間の大半を、勉強かYouTubeに使うことができ、大変効率的でした。一方で積極的に友達を作ろうとしなかっただけで、それでも大学時代の後半に3名から声をかけて頂き、彼らとは楽しい時間を過ごしました。先輩であるOさんとAさん、また1年先に卒業した熊本君には、この場をお借りしてお礼申し上げます。

前述のとおり、入学式の翌日から授業が始まりました。この日もスーツを着ていくことにしました。高校時代の学生服の習慣が、スーツに承継された瞬間です。他に着るものがほとんどないという根本的な理由を除いてもスーツ着用の利点がありました。スーツや学生服は毎日洗わなくてもいいし、内ポケットにボールペンや現金、タブレット端末（当時の私は携帯電話を持っていませんでした）などを入れることができて収納としても便利です。よく使うものを入れておけば忘れ物対策にもなるし、ものの出し入れも鞄を使うより圧倒的に素早くできました。前日の入学式は全員がスーツであったのに対し、この日目撃したスーツ姿の人は1人だけでした。翌日の木曜日も、金曜日もスーツを着ました。段々スーツ姿が板についてきたようでした。先の話をここでしてしまうようですが、つまり私の今の服装とYouTubeの動画には全く関係がありません。単に服がこれしかないというだけなのです。また、新しい服を買いに行くのは面倒だし、たくさん取り付けられたポケットが便利だから変える必要もありません。私は自分が動画に出演し始めるよりも遥かに前から、毎日スーツを着ていたし、その前は毎日学生服を着ていたのでした。

7月にアルバイト代が振り込まれるようになりましたが、私はそれを7月3日の寝台特急「はくつる」復活ツアーに惜しげもなく投入し、全部使い切ってしまったので、結局それ以降もYouTubeの収入で生活することは変わりませんでした。7月の収益は好調な方でしたが、それでも18,000円程度にすぎず、苦しい生活になりました。昼食は毎日麦ごはん大盛(129円)とみそ汁(29円)でしたが、夜も居残って勉強しているとお腹が空いてしまうので、食費には1日あたり400円ぐらい費やしてしまうのが実態でした。このままでは夏休みの半分、8月いっぱいは電車に乗る金がなくなってしまうことが明らかだったので、私はここで初めて投資を

Aさんはスーツチャンネルの影響で鉄道にはまった。

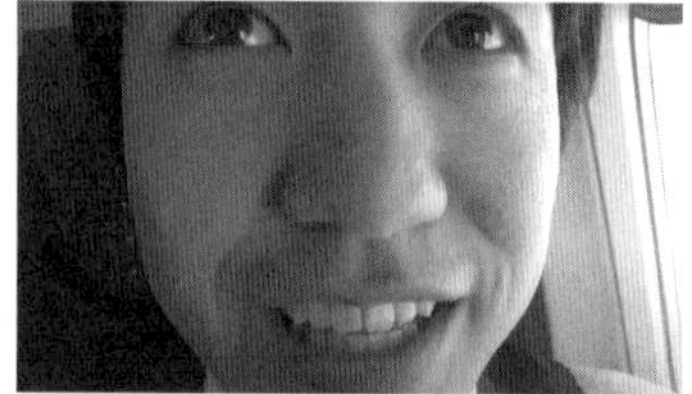

意外と真面目な性格でお茶目。

熊本くん。

行うことを考えました。リサイクルショップで鍋を購入し、それを自宅の鉄製雪平鍋と交換して大学に持ち出しました。

大学のパソコン教室付近にＩＨヒーターを備えた、誰でも使える給湯設備を発見したことから思いついた案で、この鍋を使って麺や卵を茹で、お腹いっぱいの食事を実現することにしたのです。大学の近くにスーパーとコンビニを足して２で割ったような店があり、そこで１回あたり１００円未満で食べられるラーメンやスパゲッティを買ってきて、ソースやつゆの味を毎日変えて食べました。日々の支出は明らかに減少し、７月末の時点で手元にけっこうな金額を残すことができました。生まれて初めて、利益のための積極的支出の経験をし、それが大変気持ちのよいことだと感じられました。

他にも自転車を手に入れるなどの工夫を１年の間に何度か実施し、そのうちに、こういった発想は将来にわたって持ち続けたいし、できるならこのような仕組みを編み出

高校の制服で北海道・ニセコをサイクリング。

博物館網走監獄。高校の制服は防寒性に優れるため、卒業後も使っている。今年で使い始めて8年目。

当時の光景（再現）。

して生活をし続けたいと思うようになりました。

また、バス代節約のために、大学最寄の駅から片道で3・5キロを歩き、その最中に勉強をすることで、長大な所要時間を実質ゼロにするという作戦を取っていましたが、この時期になると暑く、猛暑の中を何キロも歩くのは過酷なものでした。そこで、7月はほとんど自宅に帰らず、大学に寝泊まりすることにしました。

ベンチで夜明かしすると虫に襲われることが明らかだったので、24時間締め出されない研究棟内にある給湯室付近を利用することにし、通学定期代、駐輪場代などを大幅に節約することにも成功しました。そして何より、集中できる環境に長時間身を置くことができるようになったために、

服装の違いと見た目の年齢

よく初めて見た人から年齢を勘違いされるのですが、２０２０年現在で私は22歳です。20代後半と間違えられるならまだ良い方で、30代半ばと勘違いされることもあります。服装がスーツで、くたびれたような顔をしていることが理由ではないかと思っています。繰り返しになりますが、スーツを着ることに拘りがある訳ではないので、自宅やホテルでは下着のシャツや貰ったTシャツを着て出演することもあります。また、寒い時は高校生時代の詰襟制服（貰った早稲田大学のボタンと交換したもの）を着用することもあります。Tシャツ姿になった途端に中学生に見えると評判ですが、もう学生服を着て出かけるには違和感のある外見かもしれません。大学を卒業したら学生

月末の試験ではGPA3・99（満点は4・5）という良好な成績を確保することもできました。

ところで給湯コーナーには「お湯を沸かすことにしか使用できません」という貼り紙がしてありましたが、茹でる行為はお湯を沸かす行為の発展形に過ぎないし、沸かしたお湯をどう活用するかは各人の自由であるはずだと考え、不正利用の余地はないと信じて使い続けました。実際肉を焼いたり煮物を作ったりすることはありませんでしたし、そうしてしまうと火災報知器の作動や匂いなどで、周りの迷惑にも繋がるだろうということは考えていました。なお、これは私のせいだと思いますが、現在はこの場所に寝泊まりを禁止する貼り紙が追加されましたので、同じ方法で生活費を圧縮することはできなくなっています。ただ、放課後の居残り勉強を続けていたら、知らない間に翌朝になってしまったということまでは禁止されていないかもしれません。

最長往復切符の旅とヒカキン

大学1年生の夏休みには、たっぷりアルバイトをすることができ、9月には普通列車とネットカフ

ではなくなるので、学生服を着ることもできなくなるだろうと思っています。

この学生服は本当に暖かく、風も通さないので厳冬期の北海道旅行では大変重宝しているのですが、使えなくなってしまった後はどうすれば良いのかと気になっています。今年度いっぱいでとりあえず学生服は見納めとなりますが、今後も保存しておく予定です。北欧やロシアなど外国へ旅行するときに取り出して使うことがあるかもしれません。

ェを活用した、東海道・山陽・北陸地方と香川県をめぐる旅に行くこともできました。家庭教師のアルバイトも紹介してもらい、10月以降はそれほどお金に困らなくなりました。YouTubeの収入も11月には25,000円になり順調でしたが、アルバイトの方がよほど稼げたので、私の中ではその存在は小さいものになっていました。このまま不自由のない大学生活を送ることは難しくなさそうでしたが、ひとつ気がかりなことがありました。

私は高校生のころから、「最長往復切符」というものを購入し、それを使って旅行したいと考えていました。これは後の章で詳しく紹介しますが、約120日間で日本を1往復する鉄道旅行をするというもので、日本の鉄道史上、最長レベルの連続した旅行です。それを達成すれば、歴史的な記録として語り継がれることにもなると思われました。当然多額の資金を集める必要がありますが、今の調子でやっていたのではとても大学卒業までに資金を貯めることができないだろうし、社会に出てからはそんなことをする時間もなさそうでした。

そこで私は、歴史的な記録になると思われる「最長往復切符」の旅の様子をリアルタイムにYouTubeへ投稿して、広告収入を得ながら旅をすることが最大の近道であると思いました。他の旅行動画を投稿しているチャンネルを参考に、これほどの長旅に興味を示す人が各回あたり1万人ぐらいはいるだろうから、1日当たり5,000円、すなわち1か月あたり15万円ぐらいの稼ぎになるのではないかと考えたわけです。そしてうまくすれば旅行代の全部を賄うことができて、黒字の状態でゴ

ールすることもできると考えました。このとき、一体どうやって更新の頻度を維持するかという問題が浮上しました。当時から私は可能な限り頻繁な動画投稿をしたいと考えていたのですが、大学の授業やアルバイトが忙しかったですし、何より合成音声ソフトに読み上げさせるための原稿を作るのに相当の時間を要しました。また、再生数を稼いでいる動画を投稿しているのは、軒並み声や顔を動画内で公開した、いわゆるYouTuberであることに気が付きました。そして、彼らは肉声を動画に吹き込んで映像にしているわけだから、原稿をあらかじめ書かなければならない私のような投稿者と比べて、格段に速く完成させられるということにも気づきました。

YouTuberはバカっぽくて嫌いだが、現実的には本格的にYouTuberとして取り組む以外にないだろう。そう考えていたとき、当時アルバイトで教えていた中学生のN君が、先ほど取り上げたYouTuber、ヒカキンさんの執筆した『僕の仕事はYouTube』『400万人に愛されるYouTuberのつくり方』という本を紹介し

四国で乗ったアンパンマントロッコ号。ほかに乗客は無かった。
※青春18きっぷでは乗れないので注意

てくれました。彼はYouTubeが大好きな少年で、YouTube投稿をしている私にも、ぜひこの本を読んでほしいと貸してくれたのです。やはり私はヒカキンさんの動画に何の興味も持たなかったものの、日本のYouTuberを牽引している人物の話を聞いておくに越したことはないと、前向きな気持ちで借りてきました。

1冊目の本『僕の仕事はYouTube』の存在自体はかなり前から知っていました。ページ数の割に文量が少なくスカスカで、インターネットで検索すれば出てくるようなことばかりと酷評されていることで有名でした。シバターというYouTuberがその本に火をつけて、共に炎上したのもあわせて記憶していました。だからファンに向けて薄っぺらいことを書き並べてあるんだろうと思っていたのですが、この本は前評判とは真反対のよくできたもので、私に大切なことを伝えてくれました。内容は大きく2つに分かれていて、ヒカキンさんの自伝とYouTubeでの成功術という構成だったように思います。彼は元々ヒューマンビートボックスという、発声器官を使った演奏をYouTubeに投稿して食べていくことを夢見るスーパーマーケットの店員だったらしく、ある時に作品が脚光を浴びYouTuberとして大成していく入口となったようです。そして、その本ではそんな書き方はしていませんでしたが、結局のところ彼はゲームやおもちゃで遊ぶことが取り立てて好きなわけではなくて、単に子供相手の動画を出す商売をしたら儲かるから、好き嫌いに関わらずやっているだけらしいことがわかりました。人気の出るサムネイルの傾向も分析しているようで、つまるところ、冒頭で取り上

げた下品な表情も金のために作っているだけなのだと理解できました。

そのころ、ヒカキンさんが投稿した『うんこで手を洗ってみた！うんこ石鹸！（2013年9月1日投稿）』という動画を発見し、どんな思いでこの動画を作ったのだろうかと見てみました。冒頭では、「ママ！！ママ！！！！うんち！！」と声をあげている27歳男性の姿が流れました。これでようやく私は、ヒカキンさんをバカにしていた高校生時代から今までの自分こそがバカで、賢かったのはヒカキンさんの方だったことに気付いたのでした。本人が趣味でやっているつもりのない、単なる商売だということすら感じ取れず、動画に映っている姿がその人の真の姿だと思いこんでしまっていたのです。当時は「好きなことで、生きていく」というYouTubeの宣伝文句が広く浸透していたこともあって、そのような勘違いを知らぬ間にしてしまったのかもしれませんが、そのキャッチコピーも半分ぐらいは嘘であることが分かってきました。ヒカキンさんは客の要望に応えた動きをしているだけで、実際のところ好きなことで生きているわけではないようでした。彼の本当に好きなこと、ヒューマンビートボックスは、いまやほとんど彼の収入に関係していないように見えます。

ヒカキンさんの本はファンから金をせしめるだけの低質なものだと、インターネット上で広く批判されていましたが、今考えると的外れだったように思います。その本にはおそらく2つの目的があって、ひとつは確かに、反射的に購入するファンに買わせて印税を得ることだったでしょう。一方でもうひとつ、当時の私のような普段YouTuberとは全く関係のない世界にいる人に、抵抗の少ないであろう書籍の形で自分を伝えるという重要な目的があったと思われます。ファンからのお金儲けは、手間賃程度の認識でしかなかったかもしれません。

今回の出版で私もそれなりの印税収入を得ると思いますが、その収入がないよりはあった方がいいと感じている程度です。彼の本は、いま皆さんがご覧になっている、本書の構成においても大変参考にさせて頂きました。そして歴史は繰り返し、本書の出版もまた単なる金儲けと批判されるであろうことが十分予想できますので、先手を打って自分で記しておくことにします。

最初の動画投稿

ヒカキンさんの本を読んでからはYouTuberになることに前向きでした。最長往復切符の旅に出発したのは2017年3月4日からでしたが、それに先立ってある程度動画投稿の経験を積みつつ、知名度を増やしておくべきだと思い、なるべく早くに顔出しの動画を撮影することにしました。すでに「鉄道王動画チャンネル」さん「仙台撮り鉄」さんなど1万人以上の登録者を抱える鉄道動画の投稿者が存在しており、私のファンが増えることも、成功することも間違いないと思っていました。

高校時代を思い返してみれば、頼んでもいないのにファンができて学校内の名物となっていたぐらいですし、人に自分の話を聞かせて味方につけることも得意だったので、みんなすぐに自分のファンになるだろうと思いました。傲慢に感じられるかもしれませんが、過去の実績から考えると、そう判断するこ

とは見当違いでもなかったように思います。２０１６年の12月1日に、いよいよ初めて自分を撮影した動画を投稿することにしました。『最長【往復】切符の旅 実施のお知らせ』というタイトルです。すでに２，０００人の登録者がいたので、正体不明の制作者がいきなり素顔を明かしたら話題になるだろうと思いましたが、実際には正体が明らかになったということ以上に、私の落ち着いた喋り方と少し古風な言葉遣いに関心を寄せる新規視聴者が多く、意外に感じたものでした。また、YouTube内やSNSでも、思っていたほどには話題に上がりませんでした。最初は「旅客鉄道会社を研究するチャンネル」のままでやっていましたが、私のことを視聴者が何と呼べばよいのか決めかねたので、12月中旬にはチャンネル名を「スーツ」に変更し、そしてスーツチャンネルの歴史が始まったという事になります。これまで、YouTuberスーツがいかにして生まれたのかを、大変時間をかけて説明してきました。わかりやすく整理してこの章を終わろうと思います。

私はもともと熱心な鉄道マニアでYouTubeもよく見てはいましたが、YouTuberというものには強い抵抗感を持っていて、自分がそれになるとは全く思っていませんでした。そ

最初に出した動画。我ながら初めての撮影の割には上手いと思う。

して、鉄道にお金を払わずに乗れる地位を手に入れるべく、YouTubeとは全く関係のないJR東日本への就職を目指し、失敗しました。

その後は新たな自分なりの人生をつかむため、全力をもって大学受験に臨んだものの、パチンコ感覚で受験した横浜国立大学の推薦入試に思いがけず合格し、棚からぼたもちの経験をしました。その理由を自分なりに考え、極めて熱心だった受験勉強よりも、自分の鉄道に関する知識とそれを発表する能力の方が貴重であると、大学教授によって証明されたのではないかという推測に到達しました。その貴重と思われた資源を活用して小規模なお金稼ぎを繰り返しつつ、鍋購入などの投資によって生活費を圧縮することを覚えました。そして自分のやりたいと思っていた歴史的価値のある旅行を実現するため、自分の旅行をYouTube事業への投資に見立て、ひとつ大きな、お金のための挑戦をしてみることにしたのでし

神と呼ばれた理由

2020年の4月ごろまで、私のことを「神」と呼ぶ文化が視聴者の中に根付いていました。元々はスーツ背広チャンネルを本格的に始動させたとき、単位互換制度で通っていた國學院大學の倫理学の講義で聞いたニーチェの話を面白おかしく説明する『私は神！！！！！！！』という動画を投稿したことがきっかけです。本当はその動画の中だけで通用する雰囲気に留めるつもりだったのですが、視聴者からかなりの好評を得て、他の動画でも私のことを神と呼ぶ風潮が広まり始めました。

しばらくの間はこのことは全く気にしておらず、その後もたまにふざけて神を自称していましたが、次第に鉄道マニアの世界で「スーツ信者」という概念が広がり、スーツの元に群がってそれを崇拝する視聴者たちを不快がる人も増えてきました。

た。YouTuberへの抵抗感は、その発端となったヒカキンさん自らの本が解消してくれました。現在でも当時と変わらず、私は動画制作の作業からほとんど楽しさを受け取っておらず、草むしりで庭がキレイになる程度のやりがいを感じています。

動画制作や目立つことが好きなわけではないのですから、YouTubeのキャッチコピー「好きなことで、生きていく」という言葉は、やはり私にとっても半分ほどしか当てはまっていません。多くの人気を獲得していることを羨ましがられることも頻繁にあります。でも私はお金のために人気者をやっているだけで、その源泉となる視聴者、読者の皆様には大変感謝しておりますが、YouTuberの仕事が好きでやっているというわけではないのです。顔出し投稿を始めてからは特に、再生数や収益などの数字だけをやりがいとしてきました。好きでやっているわけではない。だか

「信」「者」の二文字を合わせて「儲」と書くように、そういった人がたくさんいれば動画も再生されて収益にもなると思っていましたが、それよりもコメント欄が閉鎖的な雰囲気になってきて、新しい人を呼び込む障壁としても働くのではないかと、私自身危険視するようになりました。そこで4月ごろに「神と呼ぶのをやめませんか」とお願いをしたのですが、その動画を見た皆さんは盛んに協力してくださり、動画を普段見なかったような方からも、最近のコメント欄はずいぶんすっきりしたと声をかけて頂くことが多くなりました。視聴者のご協力のお陰です。ちなみに、私自身神と呼ばれることが特段好きだった訳ではありませんが、神と呼ばれるほどの求心力を発揮することは大切だと思っています。

高校時代にも神と呼ばれた経験がありましたし、その求心力に気づいたからこそ、YouTubeでの活動を始めることに至ったのです。

らこそ、自己満足のための動画投稿ではなく、視聴者の需要にひたすら応えた動画投稿に徹することができ、現在のような人気の存在になることができたのだと思っています。

JR東日本に落ちたときは一体どうなることかと思いましたが、結局現在では全国の鉄道路線はおろか、国際線もビジネスクラスぐらいなら事実上乗り放題となり、目に見えない全世界版の職務乗車証を手にすることができています。給料も私が貰うつもりだった額の何十倍という数値になりました。これはJR東日本の就職試験で不採用として頂いたおかげでありますから、今では一方的にJR東日本に感謝しています。また一方で、あのときJR東日本に合格していたらどうなっていたのかと考えることもあります。鉄道の仕事には何よりも、規程の遵守と厳正な執務により達成され

親の教育

よく、どのような教育を受けたのか教えてほしいと視聴者から言われますが、あまり世間の見本になるような教育は受けていなかったと考えています。基本的に放任されて育ち、厳しいしつけをされることはありませんでした。勉強しろと言われたことは特に無かったですし、両親は拝金主義と真逆の人物でした（ただし、私自身もやはり拝金主義者とはまるで違う思考をしているつもりです）。JRの豪華列車「四季島」に祖母と乗ったとき、乗り合わせたセレブの人に「ご家族の教育が素晴らしかったんですね」と言われましたが、祖母は「勝手に大きくなったんです」と答えており、実に的を得た返事だと感じたものです。

私の家庭にひたすら金銭を追い求めて行動する性格の人はいませんが、それでも私がこうなった理由は、自己の裁量で使える小遣いが多かったことにあると考えています。これは唯一我が家特有の教育と言えたものです。なぜそうなったのかは

る、安全の確保が不可欠であり、私の独創性は多くの場面で使われなかったであろうと思われますし、注意力があまり高くない私はやはり苦労したのではないかと思います。それでも大学1年次にJR東日本でさせて頂いたアルバイトは本当に楽しいものでした。JR社員としての生活もそれはそれで良かったのかもしれないというのが正直な感想ですが、それは社員になっていないからこそ言えることだとも思っています。

YouTuberとしての活動を始めてからも、困難が絶えず……ということはなく、実際にはある時から先は常に順調な状態を維持していますが、その順調な状態に達するまでには確かに紆余曲折ありました。次章からは、YouTuberとしての活動の経歴を、順を追って紹介していくことにします。

母に聞いてみないとわかりませんが、アルバイトを始めるまで私の小遣いは「年齢×500円」というかなりの高水準で、その代わり、通常の子供が負担することのなさそうな散髪代、文房具代、資格試験受験料、服代、放課後の食費などを全て小遣いから支出することになっていました。中学のときは金額だけに注目した視野の狭い担任教員から、この小遣い制度を馬鹿にされたりしたものですが、今考えると極端に多い額でもないように思います。それでも、お金を使える自由は私の教育に大変効果があったようで、自分でお金の使いみちを考えることで周りの子どもたちよりもお金のやり繰りをどうするか考える機会が多くありました。

そして、お金のことを考える必要から逃れるほど気楽なことはないと信じるようになりました。考えることが好きだった私は、家族から自由を与えられたために、より深く考えることができるようになって、現在の性格を作ったようです。もっともそれは、他の家族とはあまり似ていない、私が自分で作った独自の性格です。

彼女募集

2019年4月にYouTubeでガールフレンドを公募すると発表したことがありました。毎年広告業界が活発になる3月に、女性と一緒に旅行に行く「女子大生シリーズ」を実施しており、驚異的な再生数を獲得していました。そのため、より深みのある動画を作るために女性の協力者を用意し、最終的にその人と結婚しようと考えたのでした。ところが、これを発表すると相当数の視聴者から「女性を金儲けに使うなんて失礼だ」「男女は打算的なもの抜きに惹かれあうもので、甚だしい勘違いだ」と非難され、計画は中止ということになりました。どうも多くの視聴者は再生数のために女性を使うという考えを否定したいようでしたが、これが特に否定されるべき考えだとはとても思えません。私はお金儲けのために、やりたくもなかったYouTuberを仕方なくやっているのですが、このことが皆に受け入れられるのにどうしてその協力者を探すことが失礼なのでしょうか。自分をお金儲けの道具に使うのは容認されるのに、他人をお金儲けの道具にしてはいけないのでしょうか。私は誰かを強制的にお金儲けの道具にしようとしたわけでもありません。自らお金儲けの道具として加わり、スーツと共に成功を目指すという人と努力し、手に入れた成功を山分けすることは筋違いでしょうか。いつもファンだと言いながら動画を見ていた人が、当然のように他人の内心に干渉しようとする姿は驚くべきものでした。そして、それからの交通チャンネル・旅行チャンネルでは、より注意して「スーツさん」を演じることを決めました。即ち、視聴者がこうあってほしいと感じていそうな人間を、自分の体を使って作り出し、皆が喜びそうなことを喋るということです。

ただし、この一件は運営方針を決定する参考材料になりましたが、中止した直接の理由ではありませんでした。中止の理由はそもそもの需要が無さそうだったからです。すごく面白そうだという意見は少数派にとどまっていたのでした。中止する一方、もし実施したらどれぐらいの人が応募してくれたのかはかなり気になり「よかったら参加するつもりがあったことを教えてほしい」と言ってみました。10件には届かないくらいのメールが届き、中には「チャンスだけでもください」という熱心なものもありました。彼女たちに対しては、中止という形にしてしまったことを大変申しわけないと思っています。

第3章

過酷な活動初期

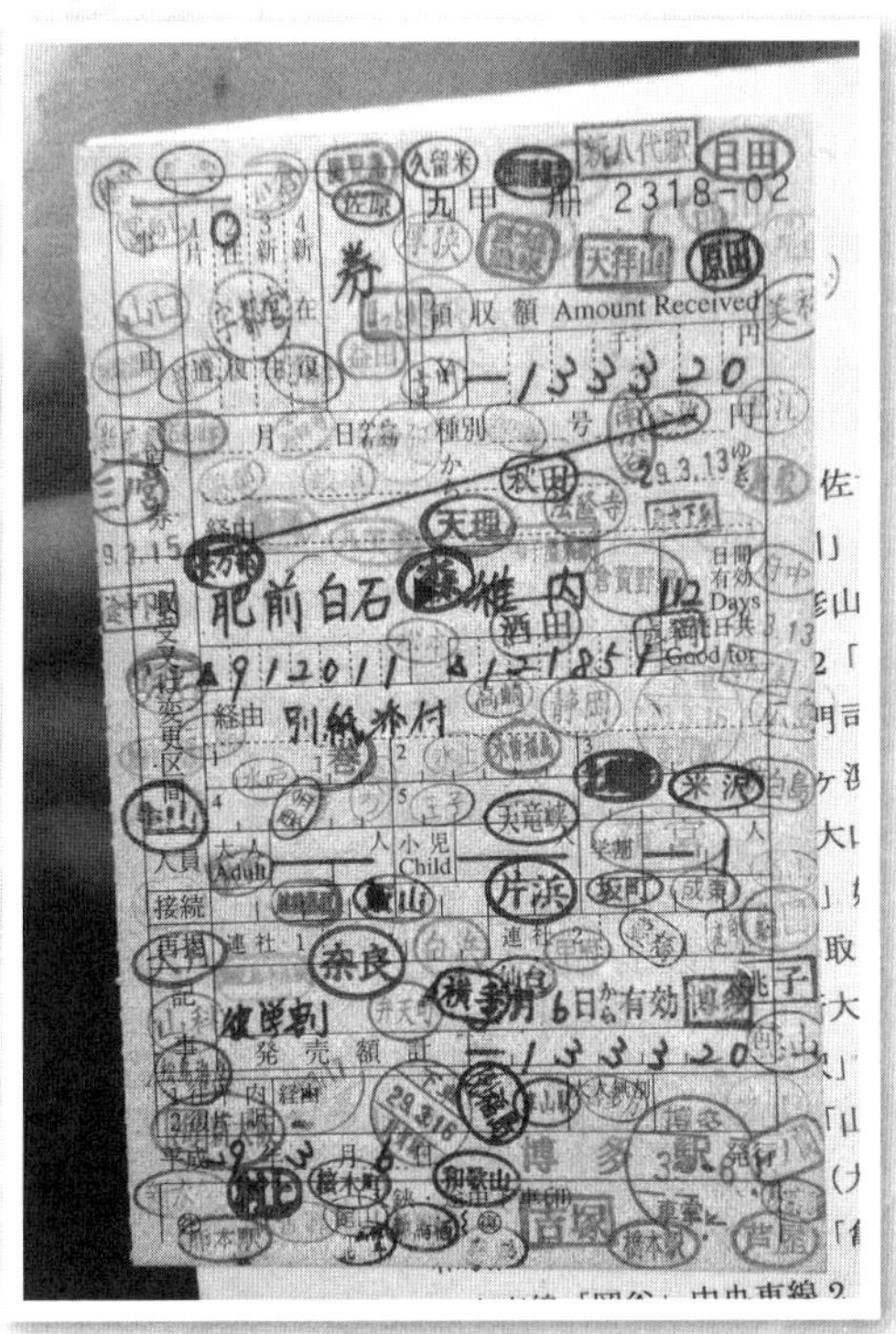

最長往復切符(実際にはルートが少し間違っていた)。

練習投稿の繰り返し

前の章でお話ししたように、YouTuberになった目的は「最長往復切符の旅」を実現することでした。この乗車券が何なのかは、もう少しだけ後でお話ししますが、簡単に言えば地球半周分、JRの路線に乗り続けられる切符です。私はこの切符で約4か月間の旅行をしました。購入するのは大変な金額になりますし、宿泊費や食費なども必要です。そのためには当然、ある程度の再生数を獲得できなければなりません。旅行を始めてみたら動画が全然再生されなかったとなれば、途中で旅行を中止せざるを得ません。ただ中止するだけなら自分が残念な思いをするだけですが、これをYouTubeに公開するとなると話は別です。そんな不名誉な記録がインターネットに刻まれ語り継がれることは、将来の自分にとって相当な不利益になると思

鉄道マニアをやめる？

初めてYouTubeに顔を露出して視聴者に話しかけたとき「最長往復切符の旅をやったら鉄道マニアを辞めてしまおう」という発言をしました。もちろん現在でもその動画は確認できます。この発言は確かに本心に基づくものでした。

当時の私は特に寝台車に強い愛着を感じていたものの、その寝台車が次々消えていくのを残念に思っていました。そして、趣味の旅行は生涯続けるつもりでしたが、プラチナチケットの確保や旅費の工面など、労力のかかる鉄道趣味を寝台車の亡き後に、惰性で続けることは非効率だと考えていました。JRの無料パスを持っているわけでもありません。もう自分の本当に好きなものが無くなってしまったし、いい潮時と思いました。

ところが実際にはむしろそれから、勢

過酷な活動初期

われました。最長往復切符の旅の失敗は絶対に許されなかったのです。

そこで旅行を始めるのに4カ月ほど先立って、自分を映した状態でYouTube動画を投稿することを始めました。それが全く注目されなければ、最長往復切符の旅は中止しようと考えたのでした。試しに撮影した映像の編集はほとんど必要なく瞬時に終わりました。YouTube投稿を始めた最初の目論見どおり、動画投稿の時間短縮には絶大な効果があることを確認しました。当時投稿した動画は現在の方針とも割合近いもので、関東地方の鉄道各線に乗って景色などの紹介をするという単純なものでした。臨時のSL列車、初詣専用列車、廃止されることが決まっていた珍しい列車などを繰り返し撮影して、撮影に要した費用よりは収入の方が多いという動画も出すことができました。列車に乗るためには運賃を支払うため、それを上回る広告

いを増して鉄道マニア向けの活動を続けています。最長往復切符の旅の後は鉄道を使って自身の知名度を高め、それで食べていけるようになり、今ではご覧のような状態です。ただ、もはや自分は以前ほどのマニアではなくなり、だからこそ成功を手にしたのではないかとも考えています。最近は以前よりもさらに熱心に、鉄道に関することを広く学んでいるつもりです。

青春時代をささげるほど没頭した国鉄型寝台車が無くなってしまったからこそ、頭を冷やして視野を広げられているのだと考えています。これは大変有益で、また本当に寂しいことです。

鉄道に関しての熱が冷めているから、鉄道を使って人を楽しませられるのだろうと思いますが、一方で昔のように熱を持って自分のために鉄道を楽しむということを、いつかもう一度やってみたいとも思っています。

収入を得るのは大変そうに見えますが、実際にはほとんど運賃は払いませんでした。東京など全国5都市近郊のＪＲが定めた区間内に関しては、乗車経路が重複しない一筆書き状で、かつ改札を出ない行程となる場合、乗車駅から下車駅までの運賃を支払えば足りることになっていたので、これを盛んに活用していたのです。これは鉄道マニアの間で「大回り乗車」と呼ばれている乗り方で、例えば秋葉原駅から出発した後に長時間かけて房総半島を一周し、東京駅に着くまでずっと改札の中にいるならば、秋葉原—東京間の運賃１３４円で合法的に下車することができたのでした。ただし特急料金や座席指定料金などは別ですし、利益が生じても1動画1カ月あたり数百円程度が普通でしたので、アルバイトをやった方が効率は良く、生業にできるほどではありませんでした。なお、収益額は迷列車シリーズだけであった頃の概ね2倍、毎月20,000円ほどで推移し、3月の最長往復切符の旅の開始を迎えることになりました。

大回り乗車の概要図。

早口で喋り始める。

試しの投稿をする前は、カメラに向けて喋ることは簡単だろうと思っていました。ところが思いの

過酷な活動初期

ほか難しく、今当時の映像を見てみるとずいぶんおどおどした印象を受けます。それでも話し方については、この練習期間を使ってひとつのコツを掴みました。コツとは早口で喋ることです。早口で喋るというのは、視聴者を待たせない、退屈させないということです。YouTubeは閲覧者の暇を潰すための物ですから、動画の中で閲覧者に暇を与えることは、万死に値すると考えています。YouTube側も徹底的に人を待たせない工夫をしています。

動画を再生すると、携帯電話であれば動画の下部に、パソコンでは右側に関連動画が表示されています。これは次に閲覧する動画を選ぶために、YouTubeが選んできた候補のことです。動画を見終えると再生画面にも関連動画が表示されます。YouTubeはYouTuberと広告収入を分け合って利益を得ていますので、動画1本の閲覧で満足しないで、また次の動画を見てもらいたいのです。そのために関連動画たちは「今の動画が終わったら、次はこれを見ませんか」と、閲覧者へ刺激を与え続けています。ところが、実際には関連動画の役割はもうひとつあると言えます。「もしこの動画がつまらなければ、こんな動画もありますよ」と呼びかけるこ

当時は表情を作るのが上手でないが、今はそれも見どころと思う。

「撮り鉄」という言葉の印象が低迷していることを説明する動画。

とです。関連動画は動画の再生中にも常に目に入るため、閲覧者をつまらない動画から脱出させるという役割も担っていると考えられます。YouTubeにはつまらない動画が星の数ほど投稿されていますが、閲覧者が「この動画つまらないからYouTube見るのやめよう」となってしまうと、都合が悪いのです。YouTubeは「この動画つまらないから（YouTubeの中で）他の動画見よう」となるよう閲覧者を誘導して、利益の機会を逃さないようにしています。そのような仕組みに慣れた閲覧者は、動画がつまらなかったり退屈だったりすることを少しも許してくれなくなるでしょう。そして、そう感じた瞬間に動画の再生を止めて、別の動画へ渡っていくのです。テレビのチャンネルを2〜3分おきに変えるような閲覧の方法が、YouTubeでは当たり前のものになっています。

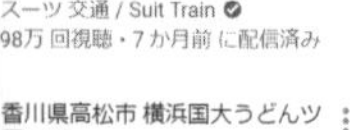

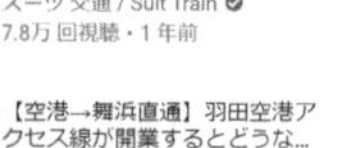

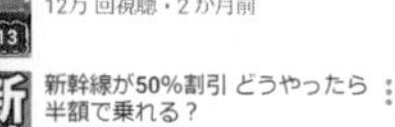

関連動画。

以上のことから私は、YouTubeにおいて視聴者に好まれる動画には、絶え間ない刺激が不可欠であるとの認識を強く持っていました。それは有名YouTuberなら誰でも分かっているようで、画面内に字幕を表示したり、動きに効果音を重ねたり、手の込んだ演出をする人が多いようです。ところがこれらの演出は相当に手間のかかる作業で、簡単な字幕1つに1分は要

するほどですから、最長往復切符の旅の中で動画制作をする必要がある私にとって、現実的なやり方ではありません。何より、字幕やら効果音やらを取り付ける作業自体に欠片も面白みがないので、やる気になりませんでした。手間はかけず、退屈の暇がない動画を作らなければならない。そのことに必死になり、気づかないうちに自然と口が早くなりました。焦っているから早口になったということではありません。大量の情報を次々に視聴者に浴びせることによって、退屈を防ぐという答えを思いついたのです。小中学生のとき、朝礼で聞かされる校長先生の話がもう少しテンポの良いものなら、多少は聞きごたえがあるだろうと、いつも感じていたことが思い出されます。

この解説の速さは現在でも売りにしており、全般的にご好評頂いています。鉄道に関する難しい話をするときも基本的に早口で、そのぶん内容をかみ砕いて話しますので、わかりやすくて面白いと評判です。最近は聞き取りやすさや声質なども考えて黎明期より喋るのは遅くしていますが、昔の速さに戻してほしいというご意見も頂いています。一方で話者が目立つというのは鉄道などの趣味の動画において、大きな欠点でもあると考えています。

最長往復切符の旅

多少の練習で経験を積み、自分なりの動画を作ることはできるようになりました。2017年3月1日の時点で3,339人の登録者を有しており、チャンネルを設立した以降に獲得した金額の累計は

288,060円でした。3月4日に東京駅から九州へ向かい、3月6日の朝から、念願であった最長往復切符の旅を始めることを決めました。

この最長往復切符というのは、「日本で最も長い距離、鉄道に乗ることができる乗車券」です。私の活動を紹介する上で欠かすことのできない存在ですから、今からできる限りやさしくお話しさせて頂きます。

私たちにとって最もなじみ深い乗車券は、駅に掲示されている路線図を見ながら、自動券売機の金額ボタンをピッと押して購入するものではないかと思います。手のひらに収まるこの小さな切符には、縦30ミリ×横57.5ミリで「東京駅↓160円区間」「発売当日限り有効」などと書いてあります。イギリス人のエドモンソンという人が発明したので、エドモンソン券と呼ばれています。近距離で鉄道を利用するときに使うことになる切符です。

スーツ車窓チャンネル

最近の新しい取り組みとして、スーツ車窓チャンネルを新設したことが挙げられます。スーツ交通チャンネルは、スーツのナレーション、BGMに演出された独自の動画を流す場所として知られていますが、その演出が肌に合わないという人も多いはずです。

喋り方、人物の出演、BGMなどは、鉄道に興味のない人を呼び込むことには効果を発揮するかもしれませんが、鉄道に興味があってもそれらを受け付けないという人たちにはスーツチャンネルで蓄えている貴重な映像資源が届きません。余計な手間を加えたばかりに遠ざけてしまっている人の抵抗感を削ぐことが車窓チャンネルの大きな狙いです。魅力ある映像そのものを見せて、スーツチャンネルへ少しずつ慣れていってもらうことで、ナレーションやBGM付

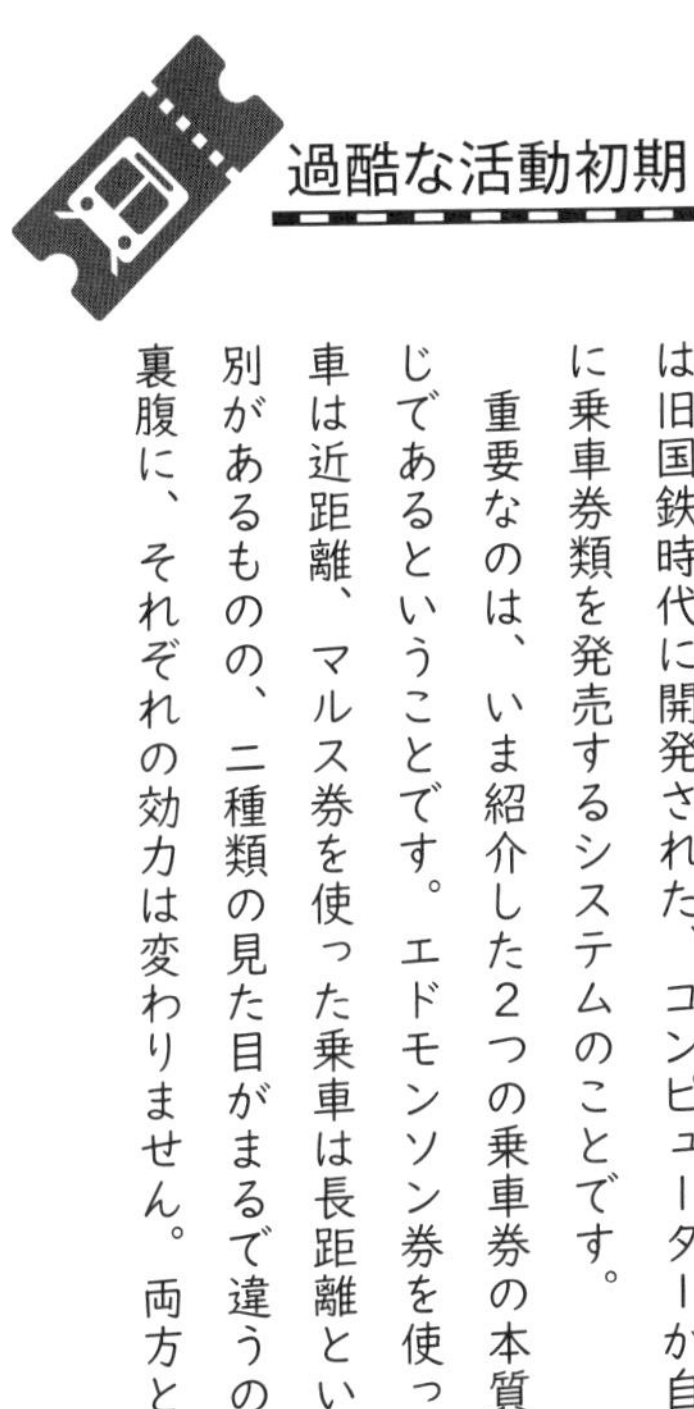

過酷な活動初期

一方であまり使う頻度は高くないながら、見覚えのある乗車券として「マルス券」があります。新幹線を利用するなどして、長距離の旅をするときに使いがちな切符で、「区（白抜き文字）東京都区内↓仙（白抜き）仙台市内」「経由：新幹線・仙台」「3月8日から3月10日まで有効」などと書いてあり、手のひらから少しはみ出します。縦57・5ミリ×横85ミリと大判です。長距離の乗車をするときに使うことになる切符で、手に持つだけで旅情を味わえます。「マルス」というのは旧国鉄時代に開発された、コンピューターが自動的に乗車券類を発売するシステムのことです。

重要なのは、いま紹介した2つの乗車券の本質は同じであるということです。エドモンソン券を使った乗車は近距離、マルス券を使った乗車は長距離という区別があるものの、二種類の見た目がまるで違うのとは裏腹に、それぞれの効力は変わりません。両方とも正

きの動画への耐性もつけて頂ければと考えています。

また、スーツチャンネルをＹｏｕＴｕｂｅにおける鉄道の総合商社に仕立てようとの考えもあります。スーツチャンネルは現状、独特のナレーション付きの映像だけを売る専門店となっており、ナレーションを欠いた動画を出すことも難しくなっていますが、実際にはナレーションが無くても多くの人気を集める映像が存在し得ます。

例えば小田急ロマンスカーの展望席の最前部にカメラを設置して撮影した映像を流すだけで、かなりの人気を獲得できるはずです。実際にそのような投稿をしている人も多数存在しています。私より知名度の低い人が、そういった方法で私より遥かに多い再生数を獲得しているのですから、私が同じことをやればより多く獲得できるはずです。車窓チャンネルはこれまで出してこなかった類の動画へ進出する最初の一弾めということになります。

式には「普通乗車券」と呼ばれています。つまり「東京→横浜」の近距離きっぷも、「東京→大阪」の長距離きっぷも、違うのは大きさぐらいで、分類上は同じなのです。「最長往復切符」も分類上は単なる普通乗車券で、その名前は私が鉄道マニアの慣習に則って勝手に付けた愛称に過ぎません。JRの中でそういった種類の、特殊な切符が発売されているわけではないということです。なお、最長往復切符は距離が長すぎてマルスでは発売することが出来ず、駅員さんたちの手作りになりました。その場合「出札補充券」という極めて大型の乗車券になるのですが、やはり駅の自動券売機で買うきっぷと違うのは大きさと、その使用可能な距離だけです。

しかし、制度上は普通の切符とはいえ、実質的に最長往復切符は普通の切符と呼ぶべきものではないように思います。その使用可能距離が極端に長いからです。JRは北海道から鹿児島県まであまねく広がる路線網を有しており、私たちはその好きな駅から好きな駅までの乗車券を購入することができます。また、途中どんな経路をたどるかも自由です（タクシーと同じように、遠回りすればその分の距離に応じた運賃が請求されます）。

例えば、大阪駅から長野駅までJRで行くとします。この2都市間の移動において、経路は3つ考えられます。最も距離が短いのは新大阪駅へ1駅乗り、名古屋駅まで東海道新幹線を使った後、そこから中央本線の特急「しなの」へ乗り換える方法です。ところが「しなの」の運行本数は1時間に1本であるため、時間帯によっては別ルートの方が早く到着できる場合があります。1つは大阪駅から

過酷な活動初期

特急「サンダーバード」で金沢に出て、北陸新幹線に乗り換える行程。このルートだと乗り換えも1回少なく済みます。もう1つは東海道新幹線で東京まで行ってしまい、そこから北陸新幹線に乗り換えるというものです。いずれも「大阪市内↓長野」の乗車券を購入するという点では同じですが（特定都区市内制度というものがあり、大阪駅からの切符を買うと大阪市内の表記になりますが、ここでは気にしないことにします）、乗車券の経由地は全く異なります。名古屋まわり、しなの号ルートでは「東海道本線・新幹線・中央本線・篠ノ井線・信越本線」経由となり、金沢回り、サンダーバード号の場合は「東海道本線・湖西線・北陸本線・北陸新幹線」となります。東京経由なら「東海道本線・新幹線・北陸新幹線」です。経由地が異なるということは距離も異なるわけですから、当然運賃もそれぞれのルート毎に異なります。この場合安い方から、名古屋のりかえ↓金沢のりかえ↓東京のりかえの順です。

大阪―長野間の移動で

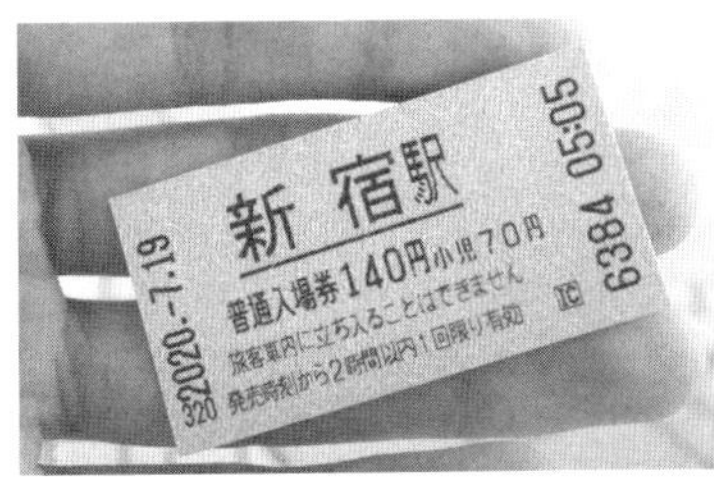

エドモンソン券。

マルス券。

出札補充券。

は3つの経路が考えられると言いましたが、JRがこの3ルートしか認めていないわけではありません。実際には一定のルールに従っている限り、ほとんど無限大と言える数の経路を考えることができます。経路に関するルールは一つだけ。同じ駅を2度通過しない、一筆書きのルートであることです。同じ駅に2度来た場合はそこで終わりです。これに従う限り、どの駅からどの駅まででも好きなルートで乗ることが出来るようになっています。「大阪市内↓長野」という表記は、実際には一筆書きの始点と終点を示しているだけなのです。例えば、こんな行程もできます。大阪を南に出発して和歌山を経由。紀伊半島をほとんど一周するように回って、名古屋へ出ます。そこから長野と逆方向の西へ向かい、岐阜を通過して米原へ。北陸線・北陸新幹線を乗り継いで富山。さらに南へ向かう高山本線で飛騨高山を越えて進みます。ここで重要なのが、高山

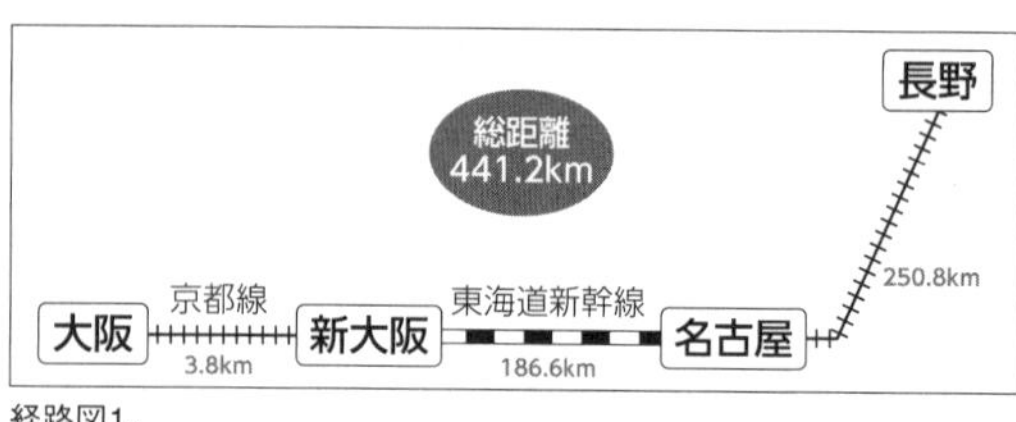

経路図1。

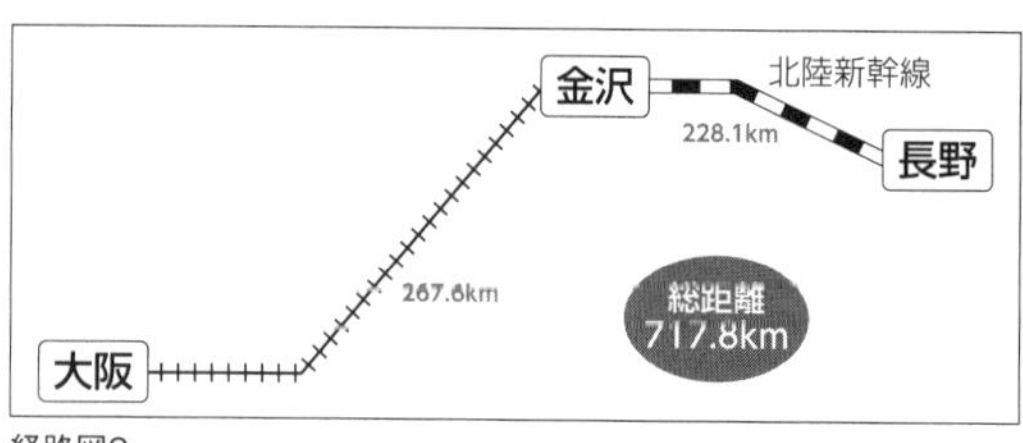

経路図2。

経路図3。

本線の終点である岐阜まで行かないことです。岐阜は一度通りましたので、今度岐阜へ行くと長野までの旅を続けることができなくなります。そこで途中の美濃太田より、脇道の太多線を利用し多治見に抜けて、特急しなの号で長野県へ向かいます。乗っていれば長野駅まで行けますが、県南部の塩尻駅で下車。中央線の特急「あずさ」を利用して東京駅まで進み、そこから北陸新幹線でようやく長野へ到着するとしましょう。最短経路から大きく外れた、どこが目的地なのかよく分からない行程ですが、一筆書きが成立しているので乗車券の購入は可能です。100キロ以上の普通乗車券の使用中は途中駅で改札を出ることができます（これを途中下車と呼びます）ので、楽しい旅になるかもしれません。有効日数は距離に応じて伸びますから、途中の町へ立ち寄る時間も十分にあります。

もっと極端な話をすれば、大阪から本州最西端の下関市内にある幡生駅に進み、そこから山陰本線などを乗り継いで、日本海側沿いにひたすら新青森まで北上。そして東北新幹線に宇都宮まで乗った後、群馬県を経て長野へ行くという行程も問題ありません。これも、大阪から長野までの乗車券として発売されます。一筆書きならどんな行程でも良いのですから、大阪駅から長野駅までの行き方は、ほとんど無限にあると言えます。また、実際には発着の駅はどこでも一筆書きのルールは変わりません。

一筆書きである限り、どこまででも乗車券の経路を延ばすことが出来ますが、一筆書きというルールがある以上、どこかに限界があります。つまり、全国のどこかの駅を出発して、どこかの駅で行き止まりとなるまで進む、１つだけの最長ルートが存在するのです。ただ１つの最長ルートをたどる普通乗車券は「最長片道切符」と呼ばれています。最初に最長片道切符の概念が生まれたのは1961年のことで、東京大学旅行研究会の1名の発案が基となって経路を算出したそうです。当時、経路の計算は極めて難しいことでした。自分で路線図の上に線を引いて、ルートの長さを1つ1つ計算するとなると、理論上は億の位を越える回数の計算が必要になるからです。計算をしている間に新線開業や路線廃止で、路線図そのものの形が変わってしまうでしょうし、寿命も尽きてしまいそうです。ですから高度な数学的手法を用いて経路を導出することになります。1961年時点では、優れた知力を持つ東大生ならではの旅行だったのでした。

当時の東大生たちの疑問は「最も長い国鉄の一筆書きルートを最短時間で進んだら、どれぐらいの時間がかかるのか？」とい

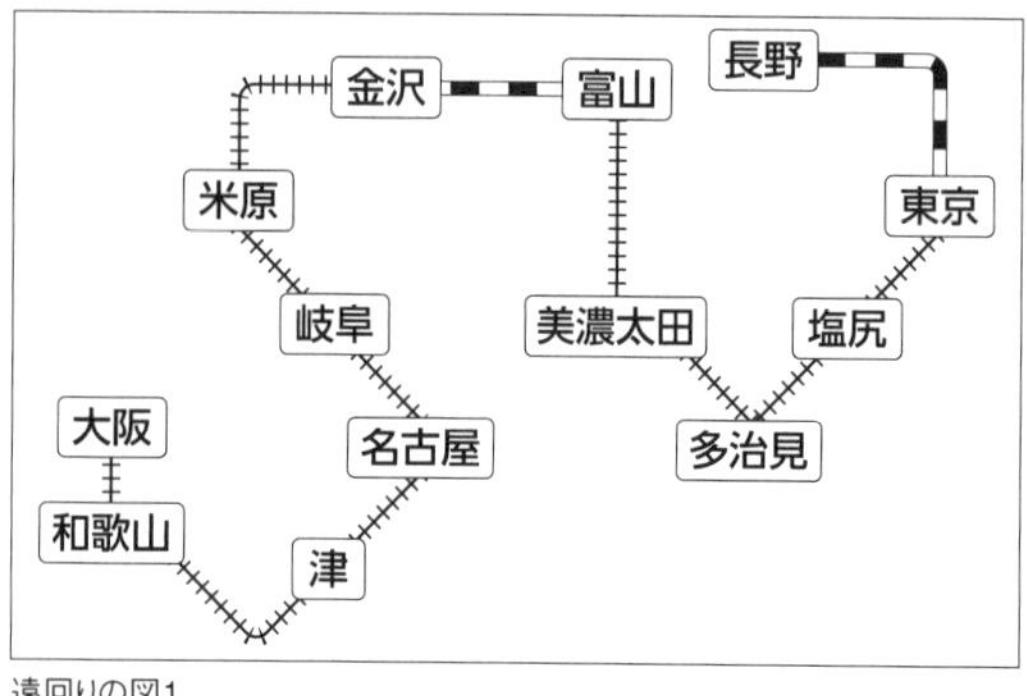

遠回りの図1。

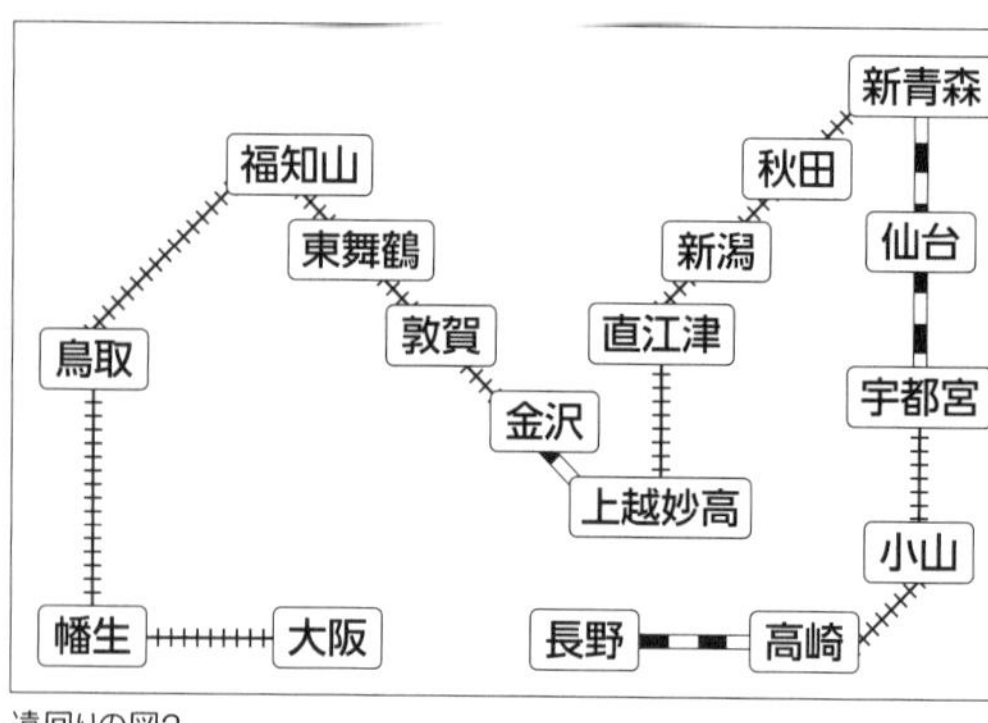

遠回りの図2。

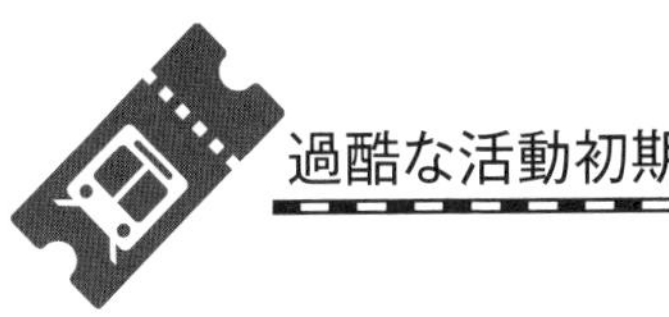

過酷な活動初期

うものでしたが、私は以前から少し異なった考えを持っていました。「1枚の切符で乗ることができる最も長い距離を旅してみたい」というものです。実は最長片道切符は真の意味で最長距離の乗車券ではありません。国鉄・JRの普通乗車券には、片道・往復・連続の3種類があり、片道乗車券と往復乗車券は1枚の券片で発行されることになっていました。往復乗車券は片道乗車券と少しルートの制約が異なりますが、基本的に片道乗車券の2倍の金額で、600キロを超える距離であればそこから1割引になり、乗車できる距離も片道乗車券の倍ということになります。

つまり、最長片道切符ではなく最長往復切符こそが、最も長い距離を乗車できる切符であるわけです。私の知る限り、最長往復切符を購入したという人間は私が現れる前には存在せず、私が最初の一人でした。ちなみに、鉄道に少し詳しい方は「往復乗車券はゆき券とかえり券の2枚に分かれるじゃないか」と疑問を持たれるかもしれませんが、それはマルス券などで往復乗車券を購入した場合の例外的措置のようです。国鉄時代、硬券を使っていたときは、1枚の往復乗車券の半分を到着駅で切り離すという形式であったことからわかるように、もともと往復乗車券は1枚の切符なのです。出札補充券の場合は切り離すことはせず、1枚の券片を最終目的地、すなわち発駅に戻ってくるまで使い続けることになっていました。

最長往復切符の旅において、最初の難関はその経路を知ることでした。現在では線形計画法という手法に基づいた問題を作成し、マイクロソフトの表計算ソフト、Excelの「ソルバー」という計算機能に解かせることによって、私くらいの実力でも経路を知ることができるようになりました。それでもインターネットで調べた程度では扱い方や仕組みを理解することが出来ず困っていましたが、これは大学1年次の後半に大学で実施されていた「経営科学総論」の授業を受講することで解決しました。数学的方法を使い、経営に関係した事柄を分析するための基礎知識を身に着ける授業で、私の所属する経営学科の学生は受講する必要のないものでしたが、初回の授業の前に参照する講義内容の一覧には「線形計画法」「整数計画法」などの言葉が書いてあり、私にとってはまさに渡りに船と呼ぶべき幸運な出会いでした。初回の授業終了後に担当の成島先生のところへ行き、最長片道切符ルートの導出に必要な基礎知識を、この授業を通じて手に入れられることも確認しました。授業ではソルバーの扱い方や線形計画問題の作成方法を丁寧に教わり、私は「優」というまあまあの成績で単位を取得しました。2月上旬に試験が終わった後に最長片道切符の経路探索を開始し、最後に成島先生に問題の作成方法が正しいか、個人的に時間を頂き質問して、少なくとも作り方は正しいとの助言を頂きました。ルートの特定には授業を受けるところから起算すると5カ月もかかりました。線形計画法の具体的な仕組みについてはある程度理解しているつもりですが、正確な説明をする能力は私にはとても備わっていないため、本書での取り扱いは避けることにします。

最長往復切符のルートは、佐賀県の肥前白石駅か大町駅から稚内駅までの往復、または逆の稚内駅から肥前白石駅か大町駅までの往復で、有効日数は112日間、運賃は学割で133,320円と出

ました。21,910キロを乗ることができ、四国4県と沖縄県を除いた全都道府県を経由します。九州側の発着駅を肥前白石駅と大町駅のどちらにするか、九州から北海道へ向かい九州に戻ってくるか、北海道を起点として逆順にするかは私が自由に選べることになっていましたので、「肥前白石↓稚内」の往復乗車券とすることに決定しました。これにはいくつか理由がありました。佐賀県のもう1つの候補駅、大町はありふれた地名であり、肥前白石駅の方が後々説明しやすいと思われること、南から北上することで桜前線と共に旅することになることなどが理由でした。その他、行程中に珍しい電車に乗る機会が多そうなのは北上ルートでした。実際、最長往復切符の行程中やその前後に「サンライズ瀬戸」「ムーンライトながら」などの夜行列車を組み入れることができ、583系の引退列車に乗車することも叶いました。

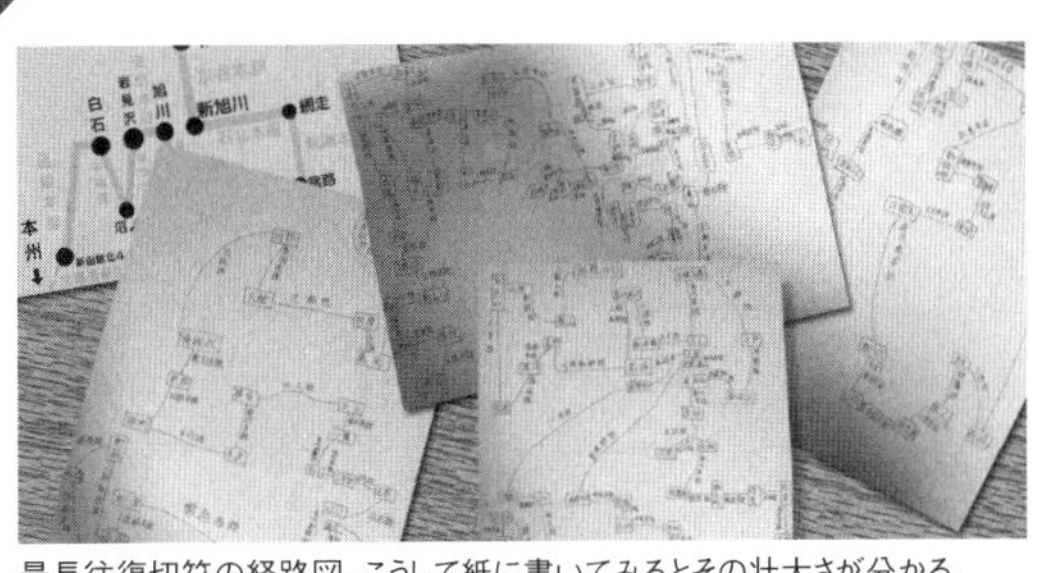

最長往復切符の経路図。こうして紙に書いてみるとその壮大さが分かる。

後ほど触れますが、このときのルートには間違いがありました。東北地方の路線の距離を設定する際、数値を誤って入力したことに気が付かないまま進めてしまったのです。結局、後でもう1枚の正しい最長往復切符を購入して利用することになりましたので、ここには正しいと思われる2度目のルートを紹介します。このルートは2017年当時のものであり、現在は路線の改廃によって完全に同じルートをたどることは出来なくなっています。

ルートが決まれば、あとは乗車券を購入するだけです。ところがそれは思いのほか困難なことでした。長距離の乗車券を購入する際は、ＪＲ主要駅に設けられたみどりの窓口に出向き、そこで行先と経由を告げて、３分程度で乗車券の交付を受けることができます。しかしこれほど複雑な乗車券は機械で発行することが出来ません。経路が発行可能な正当なものであることを確認したのち、手計算で距離を足し合わせ、運賃を確定することになります。誤発券が生じやすい注文ですので、おそらく内部では二重三重の確認が行われるはずで、この乗車券の購入を求められた駅の人は、相当面倒に感じることに違いありません。私は過去に似たような乗車券の発行を依頼した経験から、このような複雑な案件は余力のある大きな駅に持ち込んだほうがよいと思っていましたので、ＪＲ東日本のＴ駅へ経路を記したメモを持参しました。若い駅員さんは奥で相談した後、主任さんだったか助役さんだったかと共に戻り、今後はその上席の駅員さんとやりとりをすることになりました。迷惑ともいえる注文を、その中年の駅員さんは親切に引き受けて下さり「若い社員の訓練になりますから、お持ちいただけてありがたいことです」とのお言葉も頂きました。その2日ぐらい後にＴ駅から連絡があり、私の書いた経路が一筆書きになっていないとのことでした。あまりにも長い経路であったため、私は誤った記述を見逃したまま提出してしまっていたのでした。先方からすれば大変迷惑な話で、私は平謝りで正しい経路をもう一度渡し、後はついに待つだけだと思いました。そしてまた数日後にＴ駅から電

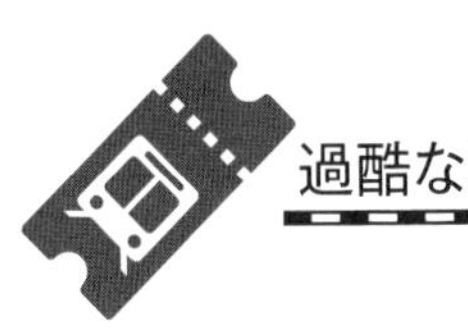

過酷な活動初期

話があり、乗車券の準備ができたのだろうと思いました。しかし期待とは裏腹に、その内容は切符の発行ができないことを知らせるものだったのです。駅員さんいわく、京葉線と総武本線は運賃計算上同一の路線として扱う特例が存在するが、この乗車券はその両方が経路に含まれている、すなわち同じ路線を2度通ることになるから、発行ができないという話です。私は岩倉高校の授業で教わったので知っていましたが、その特例は総武本線と京葉線の両方を利用する場合には適用されないはずでした。つまりその取り扱いは誤りであるはずで、それを伝えると再確認の後に問題ないことが確認できました。そしてまた数日待つことになりました。しかし、最終的に得た回答はJR東日本では、この乗車券を発行することは絶対にできないという、極めて残念な知らせだったのです。

問題はJR北海道管内の一部経路にありました。2017年3月の時点では、経路に含まれるJR北海道管内の根室本線「東鹿越—新得」間が災害の影響で不通となっており、列車に乗車することができない状態でした。そこでJR北海道は途中の落合駅まで列車代行バスを手配していたのですが、「落合—新得」の1駅間は長大な狩勝峠を越える需要の少ない区間で、代行バスの運行もなく、移動手段が全くありませんでした。鉄道が不通になっていて代行輸送も実施されていないとなると、通常乗車券の発売はなされません。しかし、規則には不通承知特例と呼ばれる制度があり、その区間を自力で迂回することを乗客が約束する場合には、不通区間を含めた乗車券を発売「できる」ことになっていました。とはいえ本当にそれが発売されるかはJRの各旅客会社（JR北海道・東日本・東海・西日本・

四国・九州）の判断によります。不通となっている根室本線はＪＲ北海道の路線ですから、私も最長往復切符のルート確定に際して、予めＪＲ北海道に問い合わせをしておきました。

ＪＲ北海道としては不通区間の発売を容認するとのことでしたが、だからと言ってどのＪＲも同じとは限りません。最長往復切符発売を依頼したのはＪＲ東日本の駅であり、運送契約はＪＲ東日本と結ぶことになるので、取り扱い方が違うことがあり得るのです。実は私は当初、ＪＲ東海のＴ駅へ発売を依頼していたのですが、すぐにＪＲ東海としては北海道の不通区間を発売できないとの回答を得ましたので、次はＪＲ東日本に聞いてみようという事になったわけです。そして、ＪＲ東日本のＴ駅もやはり発売はできないことを私に知らせてきたのでした。すでに３月１日となっていました。これは死刑宣告のようなもので、出発予定日が３日後に控えており、ＪＲ東日本で発売の可否を確認するまでに10日以上を要したことを考えると、予め作っておいた予定に大きな支障を来すことが必至と思われました。本当はもっと早く注文できれば良かったのですが、試験が終わってから経路を確定させるまでにかなりの時間を要してしまい、どうしようもないことでした。

そこで私は急ぎ電話を取って、最後の頼みとＪＲ九州の博多駅に泣きつきました。東京を出発するのは３月４日夜でしたが、佐賀県の肥前白石駅から旅を始めるのは３月６日であり、２日ほど時間の余裕があったためです。電話をかけるとファックスで経路を送信してほしいとのこと。夜７時頃の送信になりました。そして驚くべきことに翌朝３月２日の９時ごろにはもう電話がかかってきて、乗車

券の準備はほとんど整ったというのです。恐るべき、あり得ない速さでした。博多駅の担当係の方にはＪＲ北海道の不通区間の問題ですら大したことではなかったようでした。ちなみにＪＲ東日本山田線にも同様の不通区間「宮古―釜石」がありましたが、私はＪＲ東日本がこの区間の発売を断ることになっているとの回答を早くから得ていました。当該路線を管轄するＪＲ東日本がダメなら他のＪＲもダメということになると思われるので、「宮古―釜石」は最長往復切符のルート検証の時点で予め除外してあり、大した問題とはなりませんでした。

日本の鉄道史上最長の乗車券「最長往復切符」は、ＪＲ九州の活躍で発券されることになりました。ＪＲ九州にはこの後も重ねて面倒な案件を持ち込んでしまいましたが、毎度速やかに正確な取り扱いをしてくださり、本当に感謝しております。聞けば、難しい取り扱いは博多駅に問い合わせをするとのことで、極めて詳しい神のような係員さんがおられるのかもしれません。頭の上がらないことです。先方からすれば、マニアから礼を言われるよりも、厄介な仕事を持ち込まれない方が嬉しいのではないかと思いますが。

Ｔｃｋ・さんからの連絡

最長往復切符を購入して旅行したのは私が最初の１人となりましたが、最長片道切符なら多数の実績があります。２００４年にはＮＨＫが『列島縦断　鉄道１２０００キロの旅　～最長片道切符でゆく

42日～』なる番組を制作し、私もそれを毎日見ていました。鉄道に乗車している時間が長く、景色を単に流すだけのシーンが想定されることから、この番組が実施していたテーマ曲を用いた演出方法は、私の動画シリーズにおいても参考にするべきと考えられました。

　ところがテーマ曲に相当するものを選定することは容易ではありません。流行の歌などを流せば著作権侵害となり収益が入りませんので、クラシックなどを使うことになるのですが、これといって主題曲にふさわしいものは見つかりませんでした。そんな中、宣伝用に運営していたTwitterを介してある高校生から連絡がありました。「拝見させて頂いた動画や、「鉄道」をイメージに、スーツさんが鉄道旅動画で使えそうなBGM曲を作ってみました！よかったら聞いてみてください！」とのことで、私が他の乗客などに配慮して撮影している様子を見て感銘を受け、楽曲を提供したくなったのだそうです。最長往復切符の動画、その1回目の映像に重ねて流してみると大変よく、主題曲として採用することを決めました。彼はTck・（タック）さんというペンネームで活動しているらしく（現在は大瀧俊介さんとしての活動もされているようです）、音大の付属高で作曲を学んでいるのだそうでした。その曲にはタイトルがなく、同時に命名を依頼されてもいました。しかし私はそのことをすっかり忘れてしまい、結局Tck・さん本人が『Only You Train』と題したようです。現在の動画にもこの曲は頻繁に使用されていますが、その理由は視聴者からの評判が極めていいからです。もっとこの曲を流してほしい、スーツさんのいつも使っている曲は何ですか、そういったご要望、

過酷な活動初期

ご質問を頻繁にいただくほどです。そんな物をこの段階で、無料で頂くことができたのは幸運でした。2020年現在、Ｔｃｋ・さんは私の得意先となっています。頻繁にＢＧＭ作曲を依頼していますから、彼の曲を聴く機会は多いはずです。

過酷な旅

最長往復切符の旅を通じて多くのことを学びましたが、全部挙げるときりがないのでYouTubeに関することを中心に紹介します。2月の時点では1日あたり平均5,000回程度だった再生回数は、投稿を開始すると毎日8,000回程度に増加し、さらに3月後半には平均10,000回程度まで上昇しました。目論見どおり肉声による動画制作は円滑に進み、毎日1本から2本の動画を投稿することができました。いま紹介した数値は1日あたりの再生数の総合計で、それぞれの動画は当時2,000〜4,000回ほど再生されていました。最初の2週間は1日あたり2,000円弱の収入があり、自分の資金と合わせて、毎日4,000円程度の予算で旅を続けていました。最長往復切符代はあらかじめ払いましたので、この4,000円で食費、宿泊費、観光にかかる費用、新幹線・特急列車等に乗るための料金を工面していました。つまり当初から爪に火を灯す生活になっていたのですが、爪に火を灯しさえすれば観光もできました。そのうちどこかで話題になって再生数が大きく増加するだろうし、失敗することはなさそうでした。

動画の制作方法は以下のとおりです。撮影した映像をパソコンに取り込んで、内蔵バッテリーが切れるまでは移動中に作業。それで動画を完成させられればいいですが、パソコンは友人のO君に手配してもらった型落ちの中古品なので、1~2時間でバッテリーが切れてしまいます。ですから実際には1日の撮影が終わった後、深夜まで充電しながら作業をする必要がありました。夜明かしの場所にはインターネットカフェを選びました。コンセントもあるし、高速の回線で動画を速やかに投稿できるからです。ネットカフェは最安の宿泊手段でもあり、なるべくその日の行程をネットカフェのある街で終えられるよう、神経を使って行程を整えていきました。各ネットカフェの割安な滞在時間は、概ね7~8時間と決められていましたので、近くのマクドナルドでハンバーガーを食べながらパソコンを充電しつつ作業をすることで費用を節約しました。3月中旬にはビデオカメラの破損、パソコンの異常などのトラブルが立て続けに発生し、もはや旅の中止を決めざるを得ない局面に陥りましたが、視聴者の一人であるかみさんがビデオカメラ代を支援してくれたり、友人のO君が元払いで部品を送ってくれたり、Tck.さんが使わなくなったパソコンを送ってくれたりして、何とか機械関係のトラブルを切り抜けることができました。その節は本当にありがとうございました。その対処に追われ、動画投稿を止めてしまっている間は収入が発生しないことになりますので、その面でも大きな問題がありました。そのとき助けてくれたのは、私に会いに来てくれた多数の視聴者でした。皆さん食べる物を差し入れてくれたほか、現在も動画に登場する中村さんのように、現金による支援をして下さる

過酷な活動初期

方もいました（旅の最終日、6月25日の時点で計算してみると、現金だけで合計10万円超の支援を頂いていました）。

初期の機器トラブルを突破したあとは次第に順調な旅となり、3月の最終週には1日当たり4，000円～6，000円程度の収入が生じるようになりました。旅はこれからも順調に進んでいくものと思われ、気をよくした私は特急「ひたち」「しなの」のグリーン車に乗るなど、贅沢も少ししました。千葉の成東で高級品であるイチゴを購入し、美味しく食べたことも良い思い出です。ところが4月1日には多数の再生があったにもかかわらず、収入は通常の1／3ほど、たったの2，200円だったのです。翌日も多数の再生数を得たのに対して、収入は少ないものでした。慌ててその原因を調べ、そして数日後にこの旅がまだまだ前途多難である

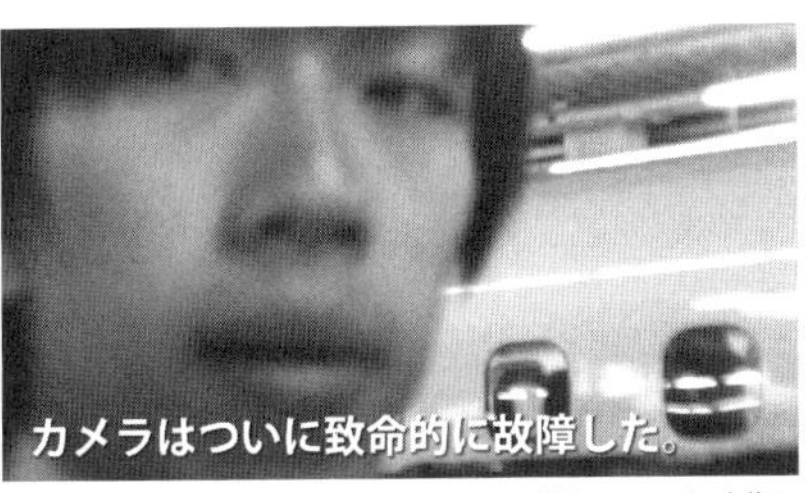

カメラのズームとフォーカスが物理的に破損し、こんな映像しか撮れなくなった。」

O君の助けによりパソコンが使用可能になった。

Tck.さんが使わなくなったPCをプレゼントしてくれ、2台体制になった。

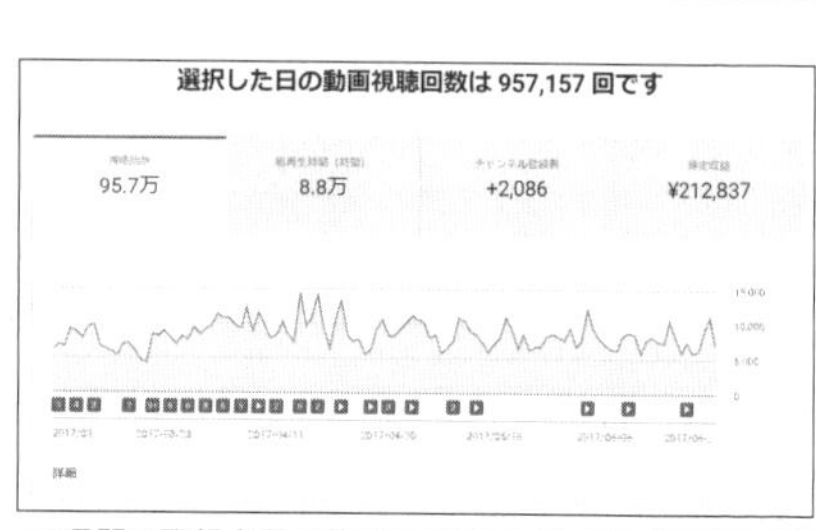

4か月間で登録者数は倍近くに増えたが、再生数はほとんど増えなかった。

ことを思い知りました。当時私はYouTuberに支払われる広告収入がどのように決定しているかを知りませんでしたが、その仕組みを考えれば3月末から4月初めにかけて発生した収入急落を、簡単に説明することが出来ます。ただし、今から説明することはインターネットに書いてあったことの取りまとめにすぎず、必ずしも正確でないということをご了承ください。

YouTubeは各企業に広告の出稿を募って料金の支払いを受け、その金額の55％を私たちに還元することになっています。つまり、広告主がいくらで広告を出すかがYouTuberの収入にも大きな影響を及ぼすのでした。そして、企業の予算消化の関係で、決算が近い年度末には広告費を使いがちになり、逆にどの程度予算を使っていいかの先行きが不透明な、4月上旬は広告を渋りがちになるらしいことを知りました。

つまり私は極めて好況となる3月期の収入で気を良くし、また気を緩めますが、その直後の4月にはいくら再生されても収益が生まれない、地獄を見ることになったわけです。最長往復切符の旅は4月に入ると東北地方・北海道方面へ進み、気温に対応するがごとく懐具合も寒くなってきました。このとき獲得した華の3月、冬の4月の教訓は今も重視していて、毎年3月には特に面白い花形の動画を投稿できるよう、投稿の計画を立てています。

達成したが、何も得られなかった。

一時、1日の旅費が宿泊費込みで2,500円となるなどのひもじさを味わいながらも、視聴者のお力添えを頂きながら、何だかんだで最長往復切符の旅を終えることができました。チャンネル登録者は旅を始める前と比べて2,000人増え、合計5,875人になりました。YouTubeからの収入は、3月から6月までの4カ月間でおよそ22万円に上り、YouTubeを使って旅そのものを収入源とする考えは、確かに正解であったことが証明されました。当時応援してくださった方々は、本当に私にとっての恩人としか言いようがありません。しかし、これは私にとってあまり満足の行く結果ではありませんでした。最長往復切符の旅は鉄道の歴史に残る一大記録です。これを達成した暁には、私の知名度は大幅に向上し、YouTubeチャンネルも大きく進歩することが見込まれました。最長往復切符の旅の実施は間違いなく私の長年の夢でしたが、単にそれを達成して終わりにするというのはあまりにもったいないことです。私はこれを登竜門として、その後YouTubeでさらなる収益を得、大学卒業後もYouTuberとして生活していくという目論見を、小さいながら持っていました。

しかし私が増やしたのは結局のところ、このチャンネル登録者数だけだったのです。動画を出してもせいぜい2,000から3,000再生という状態は、始めから終わりまで変わることが無かったのでした。チャンネル登録者数がそのYouTuberの実力を示す指標の1つであることは間違いありませんが、これが多ければ必ず再生数が稼げるというものでもなかったのです。チャンネル登録の操作をすると、それ以降登録したチャンネルが新規の動画を投稿したとき、スマートフォンにその旨を知らせる通知が来るなどの変化があり、再生は増えやすくなると思われます。ただ実際には、通知が届いたからそれを反射的に見るという人は少数派で、内容に興味が湧かなければ登録していても閲覧しないのが当たり前のようですし、そもそもその通知がなされないように設定する人も多いのです。私自身多くのチャンネルを登録していますが、ほとんど閲覧することはありません。例えば、「マックスむらい」「MasuoTV」「MEGWIN」のチャンネルをご覧になってみてください。彼らは一時期時代の最先端にいたYouTuberたちで、確かに100万程度の登録者数を有しているものの、現在は様々な原因でファンたちから忘れ去られており、2020年6月時点での再生数は2万、5万、まれにヒットしてもせいぜい10万など見る影もなくなっています。彼らは登録者数が再生数に直結しないことを示す確たる証拠です。これらのことからも、私はチャンネル登録者数を信用するべき数字ではないと考えています。そして、チャンネル登録者しか得ることのできなかった最長往復切符の旅は、リゾート地でのアルバイトとして考えたら効率のいい稼ぎ方だったのかもしれませんが、将来を見据えた事業としては失敗と認めざるを得ませんでした。自分ではもっと稼げるような力を身につけて帰ってくるつもりでした。旅の終盤で私はすっかり失望しており、YouTubeを使って稼ぐことよりも会社員になって出世でもした方が、将来は現実的な成功を掴めるのではないかと思っていたので

過酷な活動初期

す。何より、最長往復切符の旅を実施するために大学2年次の前半は丸々休みにしてしまっていたので、単に自分の将来に対しての障害を設けるだけの結果に終わったのかと肩を落としていました。

ただ、1つだけ気になっていることがありました。最長往復切符の旅の再生数は各回バラバラでしたが、多く再生された動画のサムネイルには鉄道車両が大きく写りがちだったのです。私は最長往復切符の旅シリーズを鉄道マニアだけを楽しませる動画にはせず、むしろ旅行に関心のある人一般に見て頂けるように作ろうと考えていましたし、自分自身も鉄道にただ乗るだけではなく、沿線への下車を楽しみ、その土地の知識を獲得していくことが好きでした。だから動画も鉄道のシーンより観光のシーンを重視した構成にしていましたが、それはどうも的外れだったようです。視聴者の中には「観光の部分は飛ばしています」という人もいましたし、最長往復切符の旅を始める前に作っていた鉄道マニア向け動画の方が再生数もよほど多かったのでした。また、数々のコメントから少なくない数の視聴者が、最長往復切符が何であるかを理解していないことも分かってきていました。私が思っていたより最長往復切符そのものに人々を惹きつける力は備わっておらず、結局ほとんどの視聴者は単に私が日本周遊旅行をしている様子が楽しくて見ているか、鉄道車両の紹介が好きで見ているかのどちらかのようで、実際にはその多くは鉄道が目当てでした。

最長往復切符の旅は私がやりたいと思っていた旅行で、それを実現するためにYouTubeでの活動を始めたわけですから、収益の面で大きな成功が得られなくても、私が楽しく旅を終えることができればまずは十分でした。そしてそれ自体は確かに達成できたものの、それでも思ったより収益の入りが少なく、がっかりしたことも否めません。しかし、旅の最中に得た知見を通じて、観光を捨てて鉄道マニア向け動画に特化したならば、今までよりも成功する可能性があることに気づくことはできました。最長往復切符の旅が終わったのは２０２０年６月25日。大学は10月の頭から始まりますので、まだ時間はありました。また、旅の最終盤で計算間違いが発見され、これまで自分が使ってきたものは、実は最長往復切符ではなかったのだということも判明しました。今までの「自分が楽しむ」という目的を捨て、ただ純粋に再生数を負うだけの最長往復切符の旅をもう一度本気でやるしかないし、今度こそは成功できる。少なくとも黒字の旅行ができるはずだと確信していました。ちなみに、最長往復切符そのものへの関心が高くないことが分かっていたにも関わらず、再び最長往復切符の旅の踏み切った、その理由には２つありました。１つは真の最長往復切符を自分で購入・使用したいという理由でしたが、もう１つは運賃の節約ができるというものです。ＪＲの運賃は「遠距離逓減性」の原則に従って決められていて、長距離の利用をするほど１キロ当たりの運賃が安くなるのです。例えば１キロ先までのＪＲ東日本の幹線の運賃は１４０円ですが、１００キロ先は１，６９０円で、１キロ当たりに換算する

中盤、第63日目。4,000回ほど、当時としては多く再生されたが、電気機関車ED75のサムネイルが理由と思われる。

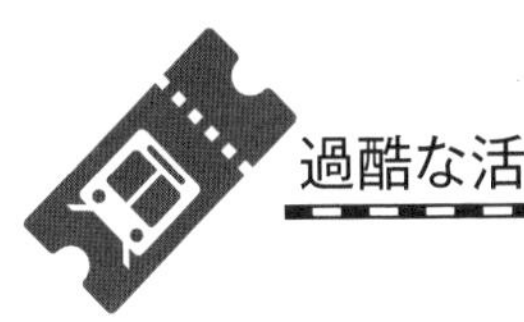

過酷な活動初期

と17円になります。たくさん列車に乗り動画を投稿する人間にとっては、最長往復切符は格安の切符であり、金額そのものが高いことは大きな問題ではありませんでした。

こうして、1度目の最長往復切符の旅は予定どおり無事に終わりました。最終日には、道中でお世話になった方を4名お呼びしました。大阪から中村さん、サカイ君、東京から安西さんが来てくださり、4人でゴールということになりました。帰りに大人の方2人が、787系「かもめ」のグリーン個室券を買ってくれて、肥前鹿島駅から博多まで語らいながら帰りました。その帰り道にサカイ君が「ドリチソ」さんの動画を頻繁に見ていると教えてくれました。彼もいわゆるYouTuberの1人で、チャンネル登録者の数8,000人程度と当時の私とそう変わらないにも関わらず、再生数は当然のように万単位を数え、10万回以上再生されているものも目立ちました（繰り返しますが当時のスーツチャンネルは2,000回程度が普通でした）。内容は鉄道一辺倒というわけではありませんでしたが、新幹線、航空機を利用する旅行動画が多く、そのほとんどはグリーン車など上級席を利用したものでした。よく考えたら私自身ほとんどグリーン車に乗った経験がなく、ドリチソさんの動画は地球半周分の鉄道旅行を終えた自分にとっても興味深い動画に映りました。彼は私が最長往復切符の旅をしている最中に力をつけてきた方のようだったので、他にも私より先を行く人がいないか探してみると、「E531K市民」さんという、首都圏の鉄道に乗って見えたものを片端から「迷列車で行こう」風に解説して人気を博している方を見つけました。内容は極めて鉄道マニア寄りで専門用語が飛び交うものでしたが、チャンネル登録者が少ないながら、毎回欠かさず5万再生は獲得している実力者でした。E531K市民さんのお陰で、鉄道マニア向けの動画であっても万単位の安定した再生数を獲得できることを学べました。

今後はドリチソさんの動画、グリーン車などの魅力を引き出すことを大いに参考にしつつ、E531K市民さんのような鉄道マニア向けの動画にするべきだと思われました。当時鉄道動画のトップに君臨していた投稿者の作品にはどれも共通点がありました。効果音や字幕などの動画編集が大変丁寧だということでした。ただ、私個人としては、そういった編集がなされていることを特別魅力に感じませんでした。効果音や字幕を多数使用した演出が好みという方がいることも分かりますし、否定されるようなものでは決してない一方で、凝った演出があってもなくても別に構わない、私のような視聴者も多数いることが予想されました。鉄道マニアの好きなものは鉄道であって、巧みに加工された映像ではないはずだからです。すなわち演出の面で手をかけるかかけないかは、今のところ再生数に大きな影響を与えないだろうと思いました。ならば編集作業からはやはり徹底的に手を抜くことが必要で、その分だけ頻繁に多数の投稿をすることの方が、収入面でも多くの人の目に触れるためにも有意義であるとの結論を出しました。もともと動画編集が嫌いだったこと

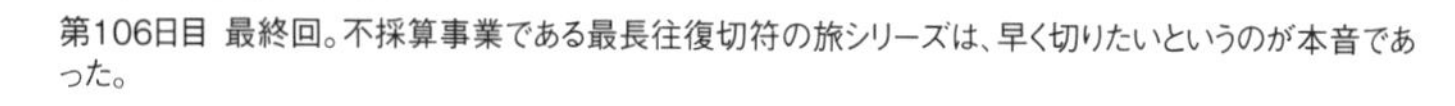

第106日目 最終回。不採算事業である最長往復切符の旅シリーズは、早く切りたいというのが本音であった。

過酷な活動初期

もあり、最長往復切符の旅の動画シリーズの品質も他の動画投稿者と比べてかなり低いものでしたが、私は早口で場をつなぐことを丁寧にやれば、今からでも他の投稿者よりも圧倒的に目立てるだろうと考えていました。いよいよこの時に確固たるものとなった「鉄道特化」「低クオリティ・大量生産」の基本方針は視聴者からも歓迎され、字幕や効果音がないのが良いとまで言って下さる方は現在でも多いのです。本当は省力化を突き詰めた結果なのですが、その分たくさんの動画を出すことができていますのでご容赦ください。

最長往復切符の旅そのものが終わり新たな旅の基本方針が固まっていっても、すぐに新しい方針に基づいた投稿を始めることはできませんでした。実際の旅と投稿のペースがずれていましたので、まずは最長往復切符の旅で取り溜めた動画の編集作業を進め、シリーズを完成させなければいけません。需要のない最長往復切符の動画よりも、いち早く期待の持てる新しい方針を試してみたかったのが本当のところでしたが、私の旅を完遂させるための収入を考えて欠かさず再生したり、現金等で支援したりしてくださった多くの視聴者のことを考えると、ずさんな扱いをするわけにはいきませんでした。その状況において最初に投稿した動画は『【実況】九州の大回り乗車はすごい！！』という動画です。最長往復切符の旅が終わってからしばらくの間、九州の知り合いの家へ居候させて頂いたとき撮影したものでした。九州を走る3種類の特急列車に、本章の冒頭で紹介した「大回り乗車」の方法を使い格安で乗車して、別府—久留米—小倉—杵築を移動する分かりやすい内容で、当時の動画の中ではずいぶん面白くできていたと思います。実際、視聴者のコメントの中には「最長往復切符よりこういった動画の方が面白い」というものもあり、そのコメントは他の視聴者からの賛同も得ていたようです。これは先ほど取り上げたE531K市民さんが「大回り乗車」をテーマにした動画で多数の再生を獲得し、『鉄道旅ゆっくり実況』という文化を発展させていたため、その流れに乗ることを強く意識して作った作品でした。「大回り乗車」は関東圏・近畿圏でされることが多く、九州でのみ可能なスケールの大きい「大回り乗車」を取り上げている人は誰もいなかったので、再生回数にも恵まれ、少なくとも数日以内に1万回を達成するだろうと考えていました。

ところが実際には1か月たっても4,000回ほどしか再生されず、最長往復切符の動画と再生数は変わらなかったのです。2020年6月現在は7万回ほど再生されており、悪くない回数になりはしましたが、この予想外の再生数の少なさは見過ごすことのできないものでした。今考えてみると、サムネイルの色合いが暗めで、フォントも安っぽい稚拙なものを使っていることがマイナスの印象を与えていた可能性があるような気がします。しかし当時は自身のサムネイル作成能力の低さからそのことに気づかず、再生数が増えない理由は動画の舞台が九州であるからだと考えました。私は九州地方が好きなので、これは九州の方に心苦しい言い方になりますが、基本的に鉄道関連の動画は人口の多い場所を対象とするほど再生数を獲得しやすく、人口の少ない場所は再生されない傾向にあるのです。50万人の登録者を有する現在でも、3大都市圏を結ぶ東海道新幹線の動画なら、目を閉じて撮影した

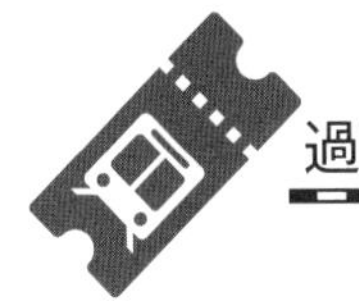

過酷な活動初期

動画ですら多数の再生を獲得できるでしょうが、地方のローカル区間や旧型車両などになると、どうやって視聴者の関心を引くか、かなり悩むことになっています。九州地方の動画も何度も投稿してきましたが、気を抜けばかなり低い再生数になってしまうのが現状で、これは東北地方や四国地方も同じです。

当時としては手の込んだサムネイルを作った自信作であったが、再生数は低迷していた。

なぜ人口の少ない場所が再生されないのか、それは地理が関係する動画では、視聴者が地元の紹介を求めていることが理由だと考えています。最長往復切符の旅を通して多く見かけたコメントは「地元が出て嬉しい」というものでした。私は自分の知らない地方を旅することが好きだった

大回り乗車中もイヤホンで動画編集。

ので、視聴者も地元を離れた遠くを見たがるだろうと勝手に考えていましたし、もちろん皆自分の家から離れた町を私が巡る様子を楽しんでくれていたのだと思いますが、一番うれしいのはやはり地元が映ることだったようでした。たしかに私の知っている鉄道YouTuberが私の生まれた町を紹介していたら見たくなるような気がしますので、視聴者の気持ちも理解できました。九州地方は近畿・中部・関東のいずれからも遠く離れており、人口そのものも多くないので、「地元」を使って視聴者の心をくすぐることには極めて不向きと考えられました。また、「大回り乗車」の方法は時間をかけて運賃を節約する性質が強く、小中高校生あたりから根強い人気があります。実際この動画の視聴者の半分は25歳未満でした。E531K市民さんの動画も子供向けの演出で、「大回り乗車」に興味を示す層と動画の雰囲気はぴったり一致していたように思います。また、彼（一度新宿駅で声をかけて頂いたことがあります）の動画の中ではそれほど特別なことは起こらず、見ていると東京近郊の通勤電車に乗っているような気分になりましたが、どうもそれが魅力だったようです。E531K市民さんの視聴者たちは、自分たちに馴染みの深い地域を、自分たちがよく使っている「大回り乗車」など、知っている方法で楽しみたいのだろうと思いました。そして九州ではその楽しみ方をするのも難しいだろうと思いました。運賃を節約して「大回り乗車」をするような人たちの中には、そもそもお金の問題で九州に来たことがない人も多いだろうからです。私ですら、最長往復切符の旅の時点で、まだ4回しか九州に行ったことが無かったのでした。そこで、その後フェリーとヒッチハイクで東京に帰った後は、

過酷な活動初期

しばらく自宅を離れないことを決めました。一番人口が多い首都であり、多数の路線で頻繁に列車が運行されていて、視聴者の注目を集めるにはこれ以上ない好都合な土地だったのです。ここで再生数を稼ぐ練習をして、次の旅に出発することを決めました。

東京に帰って最初に作った動画は7月9日に投稿した『【散財】横浜~東京で成田エクスプレスに乗車』というものでした。当時はまだ最長往復切符の動画を完結させられていなかったので、積極的な新規の撮影は控えていましたが、2度目の、正しい最長往復切符のルートを決定するために大学のパソコンを使う必要があり、久しぶりに登校した帰り道でふと思いついて撮影した動画でした。大学のパソコンで計算を済ませたあと、横浜駅から横須賀・総武線で錦糸町へ行かなければならなかったのですが、乗ろうと思っていた横須賀線の電車に間に合わず、発車標を見上げて次の列車を確認すると、運の悪いことに空港行きの特急「成田エクスプレス」だったのです。この成田エクスプレス号は料金が高いことで鉄道マニアの間では有名でしたが、一般的な人にとって乗る機会のほぼない列車でもありました。成田空港行きであることから、利用者は国際線かLCCの乗客ということになりますが、LCCの乗客が料金の高い成田エクスプレスを利用することは考えにくく、実質海外旅行専用列車となっていたからです。私にとっても高校生のときに、初詣需要で臨時停車した成田駅まで1度乗ったことがあるだけの、極めて縁の薄い列車でした。しかし一方で成田エクスプレスは30分に1本の高頻度運転を実施している列車でもあり、首都圏では頻繁にその姿を見ることが出来たのです。乗車の機会はほぼないにも関わらず、極めて知名度の高いこの特急列車は、赤・黒・白の3色と清潔感のある内装が魅力です。よく見かけるが、乗る機会はほぼない。これほど人の心を掴むものはないように思われました。実際、岩倉高校時代に馬鹿なクラスメートが成田エクスプレスのグリーン車を利用して下校したことが、クラス中で話題になっていたことを思い出しました。これで逃した電車を追いかけながら、動画撮影もすれば一石二鳥であると、さっそく乗り込み車内で特急券（座席未指定券）を購入したのちに撮影を始めました。投稿初日の再生数は3,195回で、これは投稿した初日の再生回数としては、それまで投稿してきた最長往復切符の動画のどれよりも多いものでした。最長往復切符の旅シリーズで、初日に最も多く再生されたのは最終回の動画でしたが、それでも初日の再生数が3,306回だったことを考えれば、それまでにない驚異的な成功です。120日間にわたった大旅行の総まとめよりも、たった20数分間だけ特急列車に乗る方が、人々の関心をひくことができることが証明されました。そして、この程度で3,000回の再生数を獲得できるなら、今後はもっと多くの再生数を獲得できるだろうと見込みました。ちなみに先行電車を追いかけるために乗り込んだ成田エクスプレス号でしたが、東京駅時点でそれは出発してしまっており、結局は後続電車の到着を待つことになりました。錦糸町への到着が遅れることも変わらず、この点は唯一失敗したところでした。

最長往復切符の動画編集は思いのほか大変で、最終回を出せたのは結局7月20日のことでした。ルートから外れた四国において最長往復切符の旅を実施するため、7月の終わりに東京を離れる必要が

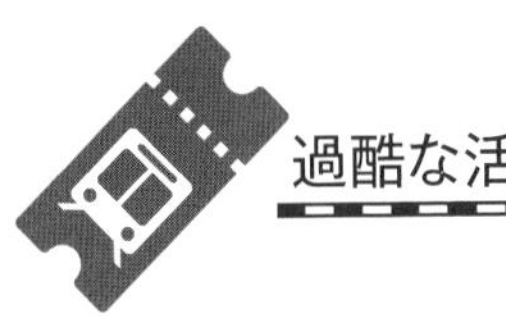

過酷な活動初期

あり、思いのほか時間もありません。最終回の準備と関東周辺での撮影は同時並行になりました。7月10日ごろから撮影を始め、25日間は関東での撮影を続けました。この半月間ほどは、スーツチャンネルを確立することに成功した本当に重要な時期でありました。

この時に撮影した映像は、どれも良好な再生回数を獲得していきました。1回も失敗することはありませんでした。最初に撮影したのは、東海道線で1日に1回だけ運転され、隠しルートを経由する下り列車「湘南ライナー1号」の紹介動画で、ドリチソさんを参考にグリーン車を利用することにしました。これは成田エクスプレスの動画ほどには再生されませんでしたが、翌日に東京―横浜間で寝台特急「サンライズ瀬戸」を利用した動画『【実況】大回り乗車でサンライズ瀬戸に乗車』が大きなヒット作になりました。

タイトル、「【実況】大回り乗車」の部分はもちろんE531K市民さんの作った大回り乗車文化への親和性を狙

成田エクスプレス号の車内。

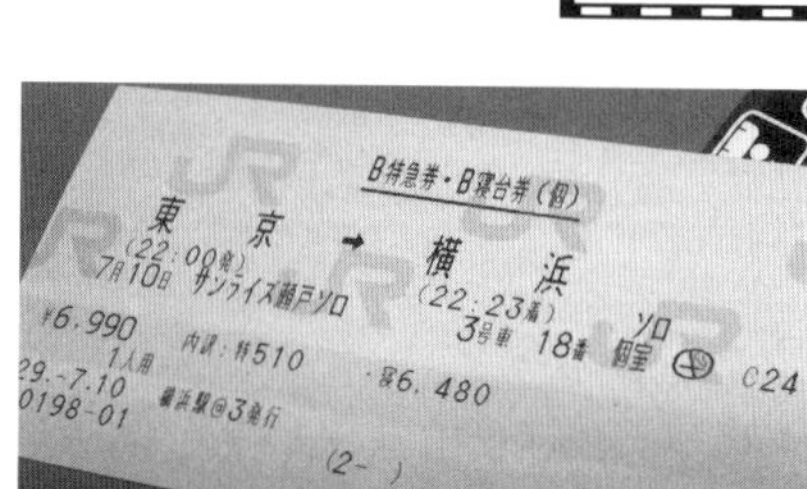

乗車券に加えて6,990円が必要だが、決して無駄づかいではなかった。

ったものでした。動画の内容はかなり衝撃的なものです、寝台列車は遠くの町まで乗り続け、車内で一晩を過ごすのが本来の使い方ですが、この動画ではたった25分間で列車を降りてしまうというもったいない使い方を披露しました。たった25分でも寝台料金6,480円と特急料金510円、合計7,990円に加えてさらに普通運賃が必要なのです。寝台席は寝床という性質上、短い区間で利用した場合でも、降りた駅の先からは同じ席を他人が利用できないように運用されています。長距離乗車客の迷惑になりかねない利用の方法で、視聴者から批判されるリスクがあったため、当日に空席を確認してガラガラであることを確認することで安全を確保しました。

また、これはもったいないお金の使い方に見えて、実は極めて割安な動画でもありました。「サンライズ瀬戸」の寝台車に全区間乗車した場合、最低でも6,480円の寝台料金の他に3,240円の特急料金と、11,300円程度の普通運賃が必要です。特急料金と普通運賃は距離に応じて加算されていきますから、長距離になるほど当然支払う金額も増えることになります。7月の中旬になると、丁度広告業界が好況になってきたのか、1再生当たりの広告収入が増加してきましたが、それでも1日に入る金額は2,000円～3,500円にすぎず、2万円以上の乗車券・特急券・寝台券の購入はとても現実的ではありませんでした。この短区間乗車はなるべく安く寝台特急

過酷な活動初期

サンライズ号の動画を出すための、苦肉の策だったのです。

この衝撃的な動画もやはり成田エクスプレスの動画ほどは再生されませんでしたが、あくまで初日の話で、投稿して10日ほど経つと1日に3,000〜5,000回ほど再生されるようになりました。今までのことからすると、投稿直後でもない動画が1日に5,000回も再生されることはあり得なかった話で、自分の作戦が思い通りに成功していることを嬉しく思いました。投稿してしばらく経ってから再生数が大きく増えたというのも喜ばしいことで、これは前にも「迷列車で行こう」動画の箇所で紹介したように、今まで私の動画を見ていなかった人たちが私の動画を再生しているという何よりの証拠でした。掲載している2つの折れ線グラフをご覧ください。横軸に日付、縦軸に再生回数を取っています。グラフの一番左の山が、動画を投稿した初日の再生数です。投稿された瞬間にチャンネル登録者に対しての通知が発せられるYouTubeの仕様上、動画投稿初

20分しか乗らずとも、演出のために浴衣を着用。

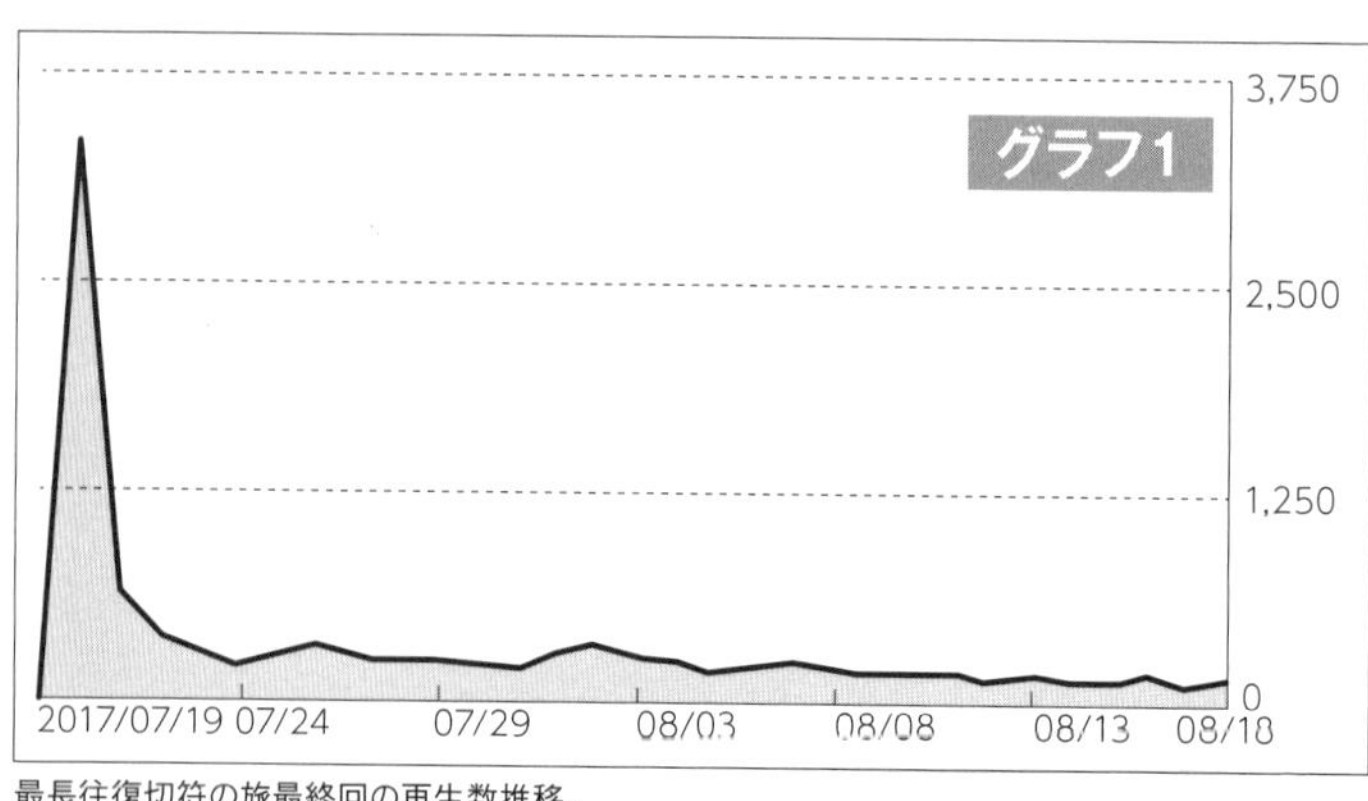

最長往復切符の旅最終回の再生数推移。

日は再生数が大きく増え、その後はしばらく横ばいになる傾向にあります。グラフ1は最長往復切符の旅シリーズ最終回の再生数の推移で、初日で最多の3，306回再生を記録し、その後はほとんどゼロの状態で推移しています。これはほとんどのYouTube動画の典型的な傾向でもあります。一方でグラフ2はずいぶん様子が異なります。公開当日、7／14の再生回数は2，115回に過ぎず、そのあとほとんどゼロになりましたが、7／23ごろから急に再生回数が増えて、24日には初日の倍以上である5，258回を記録しました。7／22頃までに日常的なスーツチャンネルの視聴者はほとんど動画を見終えてしまったと思われますが、23日ごろからこれまでスーツを見ていなかった層の目にも留まるようになり、注目が注目を呼んで一気に再生数を増やすことになったのです。そして、私の動画に興味を持った新規の視聴者たちは他の動画も次々と再生していき、チャンネル全体の再生回数が一気に増加しました。7月下旬頃には毎日5，000～8，000円程度の収入が生じるようにな

過酷な活動初期

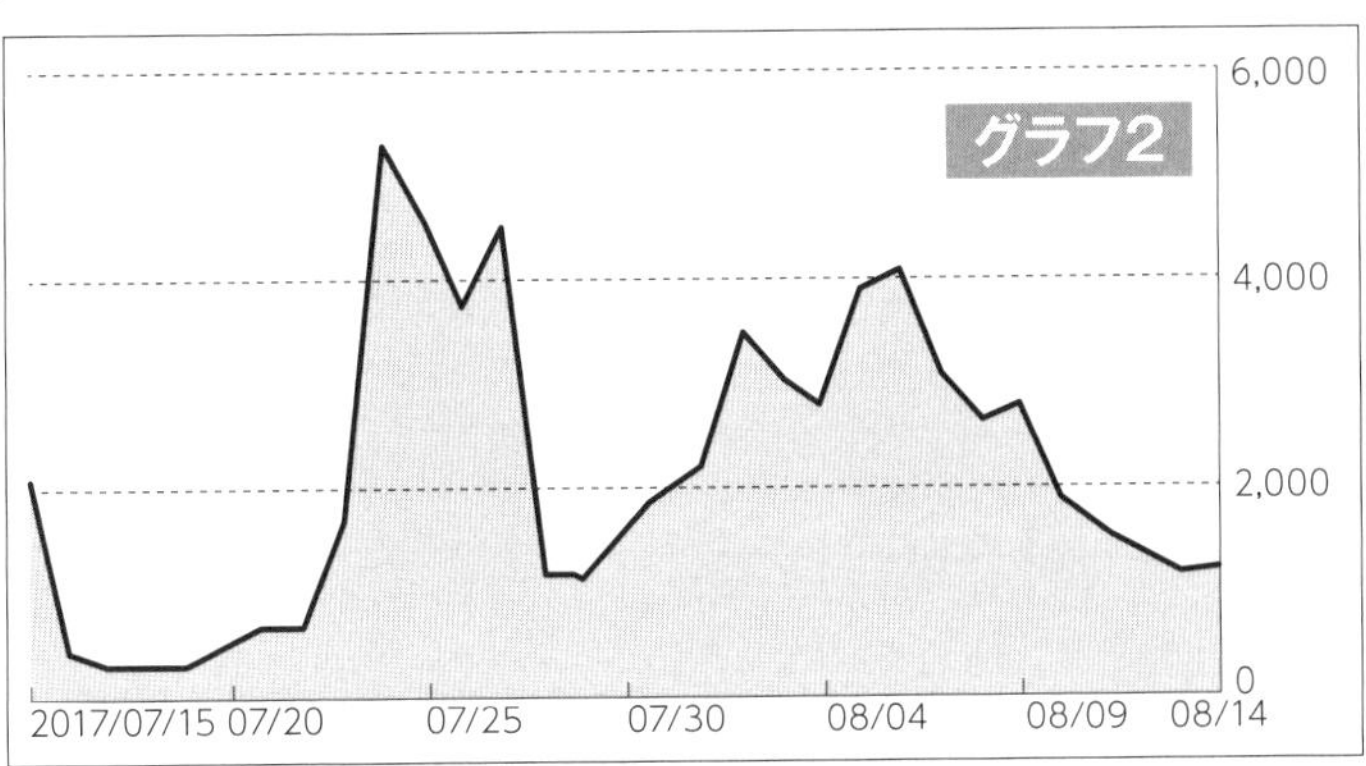

サンライズ号東京→横浜乗車動画の再生数推移。

り、よほど失敗しない限りは収入が経費を上回るようになりました。1週間前には食べるものにも困っていたのに、喫茶店さえ気楽に入れる懐事情になって、一気にお金持ちになった気がしました。それでもこれを一時的な好況とするわけにはいかないと、むしろ追い立てられるような気分で励み続けました。2度目の最長往復切符の旅を始める直前、とどめに投稿した動画『【ブルジョワ】東京~上野でグランクラスに乗ったら素晴らしかったです』は、現在にまで続く大ヒット作になりました。東京駅から上野駅まで、わずか5分だけ東北新幹線の最高級座席に乗るという動画はそれだけで抜群のインパクトがありましたが、再生した視聴者たちをファンとして取り込むべく、それ以上に強烈な演出で仕掛けました。自分を「スーパー金持ち（こち亀に登場する白鳥礼次を参考にしました）」と称し、通勤型電車に乗車していく人たちを貧乏人呼ばわりして、自分は「仕方なく」最高級座席のグランクラスにて5分間の移動をするという筋書きを考えたのです。岩倉高校で多数の鉄道マニアたちと3年も触れ合っていましたので、少なくとも同世代のマニアたちには響く演出だということが分かっていました。一方最後まで傲慢なキャラクターを通すと、単に嫌な奴だとの印象を持たれて終わるとも思われたので、最後は謙虚な姿勢を示すことにしました。実際には手元資金をどう使えばいいのか、そのあと乗り込んだ「ムーンライトながら」の車内でもひたすら計算を繰り返していたほどお金の余裕がなく、この企画を実行した当日の収入も7,340円で、全く【ブルジョワ】とは程遠い状態であったことを告白しておきます。評判は「何この人初めて見た」「面白い」「草」「顔が気持ち悪い」「普通に喋れないのか」「ふざけるな」等多岐にわたっていたようで、暴言が頻繁に届くようになったのもこの頃でした。しかし、この頃の私はすっかり強くなっていて、もうそんなものは気にならなくなっていました。そもそも演出の関係上、動画を出す前からそんな評価が来るのは分かっていましたし、良くも悪くもスーツという存在を視聴者の脳裏に刻むことの方が重要でした。そして何より、いよいよ1日1万円以上の金額が入るようになって、その天にも昇る喜びの気持ちは、多少の暴言など容易く跳ね返してしまうのでした。

この辺りで皆さんも気になってきたかもしれませんが、まだ資金源のことをお話ししていませんでした。そもそも最長往復切符の旅で、私は手持ちの資金を全て使い切ってしまったので、首都圏で動画を撮影する余力すら本来はないはずでした。これを助けて下さったのは視聴者の1人である「かみさん」という方でした。かみさんはスポンサーを斡旋し、私に広告料の収入をもたらしてくれました。

2度目の最長往復切符の旅を実施するに際し、かみさんと関係の深い「日本ボディーアート協会」「インド・アラブ民族衣装店ジジ」の2法人の広告を動画に掲載することで、私が15万円の広告料を受け取ることができるというものでした。広告料は前払いでいただくことができ、これは2度目の最長往復切符の購入をするための資金に充てるつもりでいたのですが、実際には半分以上それ以外の動画を制作するために使いこんでしまいました。2度目の最長往復切符の旅に充てるはずの資金がどんどん目減りしていくことには大きな不安がありましたが、この資金を使うことで7月中旬に次々と積極的な動画を打ち出すことができ、大幅に視聴者層を厚くすることができましたので、正しい選択だと当時から確信していました。このときの15万円と、のちに家族から借りた15万円の合計30万円を増やしていき、現在の活動資金が形成されています。

この2017年7月で私の下積み時代は終わり、毎日の暮らしをそこからはいかに活動を大規模化させていくかという局面になりました。例えば、２０２０年７月９日から８月８日までの再生数の推移は、およそ10倍、収入は４～５倍に増加する著しい急成長でした。ここから９月までは、ゼロではない現金、若い体力、最長往復切符の旅を通じて得た経験など、手持ちの資産を全部投入した総力戦の時期で、人生で最も楽しかったときであり、また今後これ以上楽しい経験をすることはないだろうと思っています。お金に頼らなくともヒット作品を連発できるようにもなり『【衝撃】面白すぎる通勤電車 １２３系』『快速マリンライナーの指定席は断然おすすめ！』などの動画では、サムネイルとタイトルで視聴者を引き付けるコツもわかりました。まだまだタイトル、サムネイルの作成方法や、撮影の力量、発話の方法に未熟な点が多く残る時期でしたが、私はこの７月で再生数を伸ばす基本的な方法と安定した資金、そして約１万人の視聴者という地盤を手に入れました。アルバイトや借金などによって外部から資金を調達しなくてはならない状態を脱し、YouTube収益だけで活動することができるようになり、それから順風満帆の状態が今日まで続いています。

　このとき、クレジットカードを盛んに活用したことを付け加えておきます。YouTubeの収益は「末締め翌22日払い」であり、現金での決済にこだわる場合

衝撃的なサムネイルを作れば再生されると確信し、改造電車123系を撮影。見込みは外れなかった。今でも大ヒットする動画は出す前にそうとわかる。

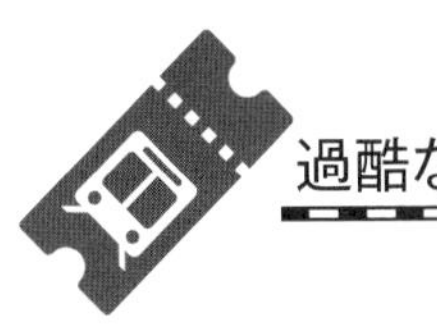

は翌月の入金を待つ必要がありました。再生数を獲得してからお金を使えるようになるまで1カ月も待っていたら、せっかくの上向き調子を潰しかねませんでした。そこで「末締め翌々月4日払い」のカードで乗車券等を購入し、「末締め翌22日払い」の売上が入金された2週間後に経費を精算することにしました。例えば8月1日から31日に発生した収益を9月22日に受け取り、8月1日から31日に支払った費用は10月4日に支払う仕組みでした。つまり、クレジットカードを使った無担保無金利貸し付けを、毎月限度額である50万円（実質25万円）ほど受けたうえで、使えるお金をありったけ動画投稿に流しこんでいたということになります。これは2度目の最長往復切符の旅やその後の動画撮影で、グリーン車や寝台車を躊躇なく利用するために必要な手法でしたが、一度だけカードの支払いに充てるための現金が足りず、黒字倒産のような状況に陥る危機に瀕したこともありました。そのときは当月の支払いを無金利の分割2回払いとすることで切り抜けられたものの、ともかく現金は常に不足していました。多額の売上債権を抱えつつ、全財産（現金）は数千円という状態で旅行することが当たり前で、動画から見える状態とは真反対の自転車操業でした。それでも2度目

ビュー・スイカカード。限度額20万。みずほマイレージカードと合わせ、限度額いっぱいまで使っていた。

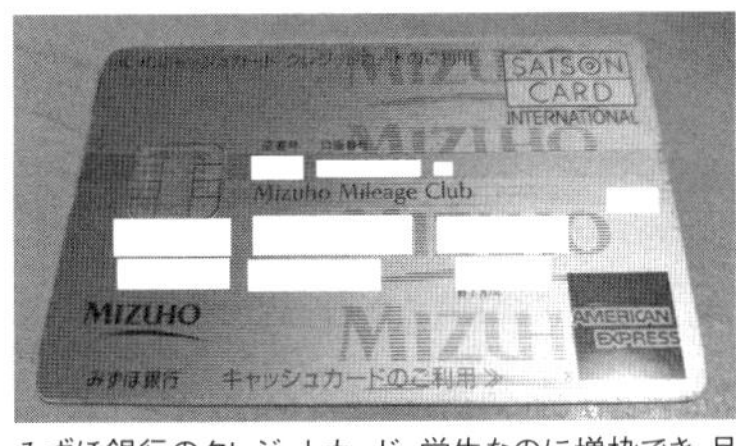

みずほ銀行のクレジットカード。学生なのに増枠でき、月に30万円も使わせてくれた。

の最長往復切符の旅の前後で順調な成長を継続したことの一因に、クレジットカードを使ったギリギリの財務管理があったのではないかと思っています。経営学部の講義で借金をすることの重要性についてよく教わっていたから、勇気を持って資金投下を続けることができましたし、かみさんから必要があれば融資をすると申し出を頂いていたので、実際には黒字倒産はなかったと思いますが、ヒヤヒヤしたものです。

下積み（インターネットでは、底辺YouTuberと呼びます）時代、特に最長往復切符の旅の話をすると「スーツさんが頑張ったから成功できたんだ」「どんな人にも立派な下積み時代があるものだ」「初心忘るべからず」と、お褒めの言葉を頂きます。ただ、褒めて頂くことそのものは光栄なのですが、どうもそれは誤った評価ではないかと思えてなりません。最長往復切符の旅は一生の思い出に残る楽しいものでした。それを通じて私が

一度だけあった絶不調

2018年7月に実施されたロシアワールドカップの開催時期に、再生数が通常の半分程度に低迷するということがありました。このときは個人的なバブルが崩壊したのだと思い、大変焦ったものです。あまりにも動画が再生されず、大した収入も得られないないので、運営初期には収益が発生しない新チャンネルの立ち上げをすることを決め、スーツ旅行チャンネルを始動することになったのでした。

結局再生数は元に戻りましたが、このとき動画が再生されなかった理由はいまひとつ分かりません。再生数が低迷していた時期とワールドカップの開催期間はぴったり一致してはいましたが、それが原因なのかも判断できませんでした。試合の時間とYouTube投稿の

過酷な活動初期

YouTubeにおける自分なりの成功術を編み出したことも事実です。しかし、その成功術はそんなに苦労しないと手に入らなかったものなのでしょうか。実際には単に私の勘が鈍かったから、必要以上に過酷な思いをしたというだけに過ぎないでしょう。本書で1つだけ、私の得た教訓を披露したいと思います。教訓なるものを読者へ偉そうに話すことは本書の出版意義ではないのですが、将来に何らかの夢を抱きながら、今このページを見ているスーツチャンネルの視聴者が多数いることは想像に難くありません。彼らは私より年下かもしれません。そんな方々に、このことを役立ててもらいたいと切に願いますし、そしてこれは知っておいて損のないことだと思うので、お話しさせて頂きます。もしも成功したいなら、自分がどんな努力をすればいいのかをよく考えてから行動するべきです。ただ闇雲に一生懸命何かに取り組めば良いというわけではありませんし、見当違いの初心

時間は関係ありませんでしたし、他のYouTuberが再生数を大きく減らした例を見つけることもできなかったからです。たまたま6月に撮影した動画がどれも華にかけていたのかなと、今では思っています。

その後も海外旅行をしているとき、同様に再生数が低迷したことがありましたが、それは視聴者が遠い国の鉄道に興味を見出せないことが原因なのだろうということが分かり切っていましたので、特別気にすることはありませんでした。

ただ、2回の不調から、一度不調に入るとYouTubeの構造上なかなか調子を取り戻せないらしいことに気が付きました。知名度に頼った運営を避け、あくまでも視聴者の気持ちを掴む内容を作り上げることに腐心しており、その度合いは登録者が非常に少なかったときよりもむしろ向上しているはずです。

はさっさと忘れてしまうことが望ましいと考えています。無駄な方向を向いて何をいくら努力しても、絶対に実を結びません。JRの高卒社員になるために努力していたら、ろくに勉強していないのに国立大の学生になったり、史上最長の乗車券で有名になろうと必死に旅を続けていたのに上手くいかず、その直後、実家周辺でたった半月の活動をするだけで大成功への道が切り開けたりと、塞翁が馬を体現してきた私が言えば、ある程度の説得力はあるでしょうか。

もちろんJR社員になるために鉄道会社の研究をした経験が、入学試験やYouTubeの活動で役に立ったことは間違いありませんし、最長往復切符の旅を通じて正攻法を体得できたのですから、努力が全くの無駄だったわけでもありません。その努力するという経験も、青春時代らしく楽しいものではありました。少し回り道をし、余計な手間をかけたかもしれませんが、たまたま今はちゃんと目標にたどり着いています。最長往復切符のようですね。

塞翁が馬：中国の古いことわざで、人生の幸せや不幸は予測が不可能で、幸せだと喜んだことが不幸に変わることもあるし、不幸だと嘆いたことが幸せに転じることもあるという意味。

第4章

ファーストクラスに学んだこと
（飛行機について）

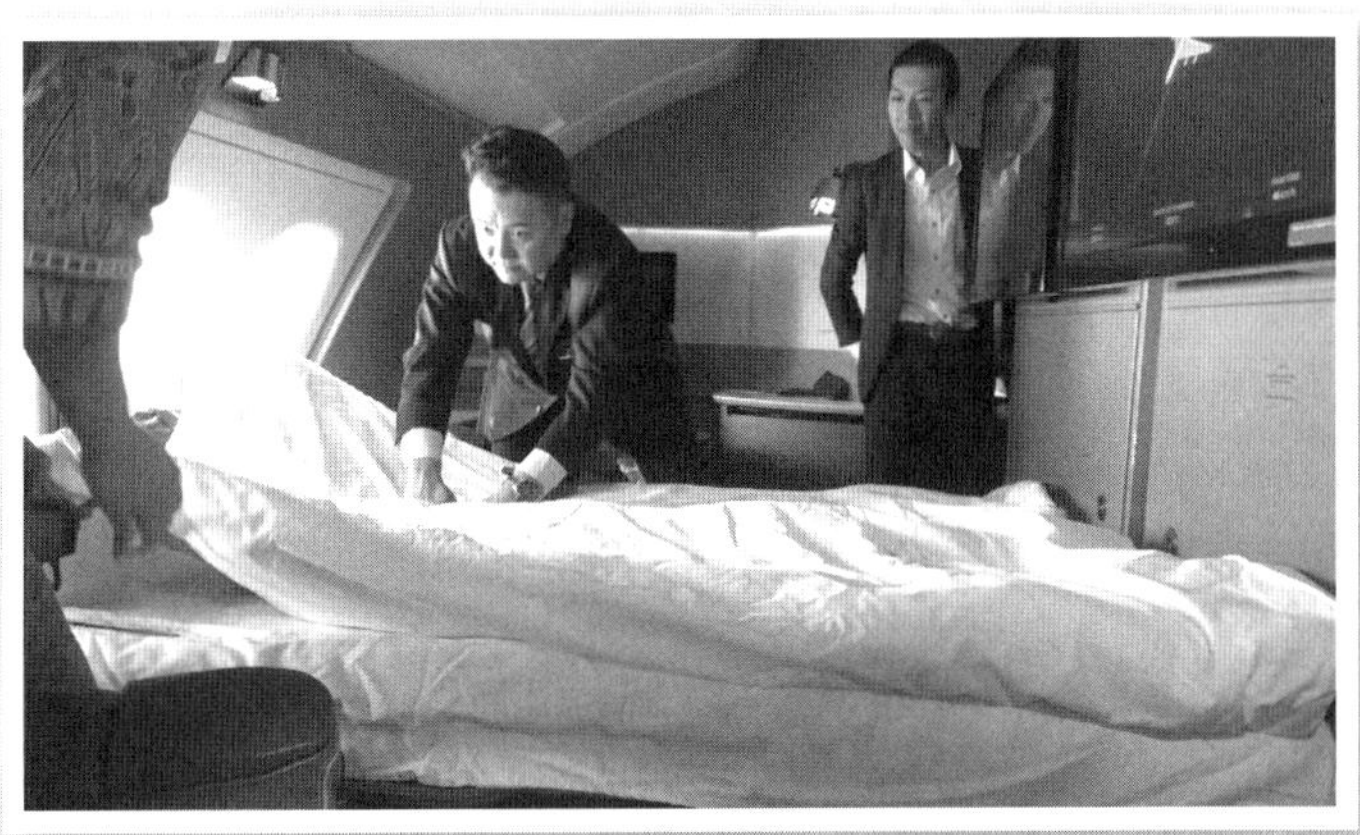

シンガポール航空のスイートクラス。ファーストクラスの上をいく。

2回の最長往復切符の旅を終え、順調に登録者を増やすことができ、次第に収入は1カ月100万円単位になってきました。そのような状況において、チャンネルのさらなる拡大を目指して実施したのが世界一周の旅です。世界一周と言っても、実際には東京からロンドンまで鉄道と船だけで移動した後、欧州各国の鉄道に乗車することが旅行の大部分を占めており、ヨーロッパからの帰り道にニューヨーク経由の航空便で帰ってきたため、結果的に地球の全子午線を通過しただけでした。

YouTube初となる日本人向けに制作されたシベリア鉄道全線乗破の

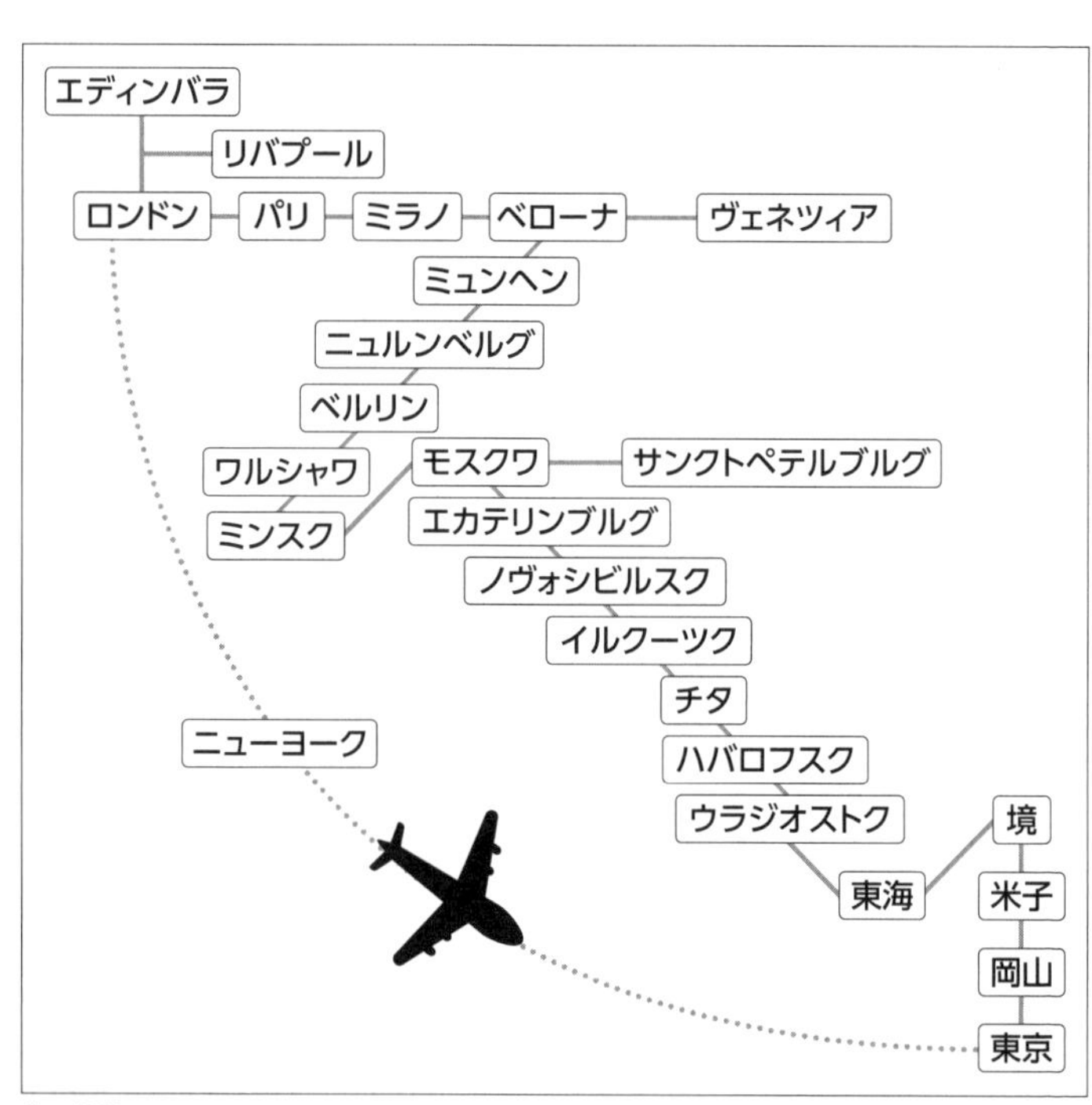

旅の行程。

ファーストクラスに学んだこと（飛行機について）

JALのファーストクラス席。プラス8,000円は安い。

映像は大成功を収めました。

しかしそれよりも注目を集めたのは帰りの航空便の映像で、これはロンドン―ニューヨーク―東京間の全てをファーストクラスで移動するというものでした。シベリア鉄道同様に、YouTubeにおいて日本人向けにファーストクラスの詳細な報告をするという動画はほとんど存在せず、3本にわたった動画はいずれも大好評でした。ここでは、私が帰りの便にファーストクラスを選んだ理由、そして、ファーストクラス等の高額なサービスを実際に利用してみて得られた感想を具体的に紹介します。

私がYouTuberとして初めてフルサービスキャリア（日本ではJALとANAの2社を指す言葉だと、私は認識しています）に乗ったのは、独立採算を達成してから約3カ月後の2017年11月でした。北海道へ行く用事があり、その際スーツチャンネルとしては初めての航空便の動画を撮影・投稿することにしたのでした。私自身日本航空に登場したのはそれが初めてで、航空機に乗る方法もよく分からないながら、ファーストクラスには大きな魅力があると信じ、当日は空席さえあればファーストクラスに搭乗することを決めていました。日本航空の国内線ファーストクラスは、それ自体も素晴らしいサービスですが、YouTubeにはもってこいの存在でした。

札幌までの移動方法を調べたとき、「ファーストクラス」というサービスは、国内線では日本航空にしか存在しないらしいことを知りました。私はJALやANAの飛行機は全部ファーストクラスを備えて飛んでいるのだと思っていたので驚きました。どうやら国際線では世界的にファーストクラスの設定が存在するものの、国内線は距離や飛行時間が短いことから、上級席を用意する必要性が必ずしも高くないようです。そしてさらに驚いたことに、JALのファーストクラスは普通席（国内線ではエコノミークラスという呼び方もありません）の金額に8,000円の追加をするだけで利用可能らしいと分かりました。高校生のとき「総合旅行業務取扱管理者」という資格の取得に向けた学習の一環で、国際航空運賃の計算問題を解いたことがありました。それによれば、ファーストクラス運賃はエコノミークラス運賃の3倍程度と決まっているそうでした。庶民には本当に縁のない乗り物で、会社の重役やスーパースターなどの移動に供される神聖な空間。私のファーストクラスに対する印象はそう固まっていて、実際国際線のファーストクラス運賃は確かに100万円超の天文学的な金額でした。ただ、国内線のファーストクラスに関しては別の話で、+8,000円と庶民でも手の届く範囲だったのです。

ここでＪＡＬ国内線のファーストクラスがＹｏｕＴｕｂｅ投稿をする上で魅力的と言える理由を説明するべきでしょう。この言葉「ファーストクラス」は一般大衆の間でも極めて有名ですが、その中で実際に乗ったことがある人は多くないはずです。そもそも大衆の多くはめったに航空機を利用しないと思いますので、ファーストクラスについてよくは知らないし、それまでの私同様に、国内線であったとしても超高級な設備であると思っているでしょう。そんな人たちがＹｏｕＴｕｂｅの動画群の中で「ファーストクラス」と題されたものを見つけると、きっと実際よりも遥かに高額な世界を想像してくれるに違いありません。つまり、ＪＡＬ国内線の上級席サービスは「ファーストクラス」という庶民を魅了しやすい名前と、８，０００円という低価格が抜群の長所であり、それはＹｏｕＴｕｂｅｒにとって「低価格で視聴者を引き付けることができる」ことを意味するのです。これほど動画投稿の観点から費用対効果に優れる乗り物はそうありません。そのときに撮影した動画『ファーストクラスとはどんなもんだべ』のタイトルは、私の気持ちをそのまま文字に起こしたもので、きっとそのまま視聴者の心にも染み渡り、自然と再生ボタンを押させるだろうと思いました。動画は２０２０年６月現在で68万回再生されており、活動序盤の動画としてはかなりの成功作でした。当時はＹｏｕＴｕｂｅｒと呼ぶべき人が、ＪＡＬの国内線ファーストクラスの動画を投稿した例もまだありませんでした。一方のＡＮＡ

当時作ったサムネイル。シンプルだがこれで十分だった。

の「プレミアムクラス」は、すでに先ほど紹介したドリチソさんに開拓され尽くした感があり、その名前はファーストクラスほどの注目を集めないだろうと思ったこともＪＡＬを選んだ理由でした。なお国内線ファーストクラスを扱った動画としては、現在のところ私の動画が一番多く再生されているようです。

ドリームスリーパー

ところで、最も再生されているファーストクラス動画はどのようなものでしょうか。成功例には大いに学ぶべきです。スーツの投稿したＪＡＬのファーストクラス動画なのか、それとも航空ＹｏｕＴｕｂｅｒと呼ばれる他の人の動画なのか、実はＹｏｕＴｕｂｅで「ファーストクラス」と検索すると、最も再生数が多いのは何とバスの動画で、「ケニチ」さんという方が投稿した『ファーストクラス体験【超豪華夜行バス】ドリームスリーパー』というものです。これは全席が個室で1名当たりの料金が新幹線並みという、今までに存在しなかった高級志向のバスで、確かに私も前から気になっていました。この動画が投稿されたのは２０１８年３月６日で、私も同様の動画『【ドリームスリーパー】東京↓大阪の個室バスは寝台特急より快適なのか？』を３月30日に投稿しています。約25日の出遅れと、サムネイル作成技術の不足などから、２０２０年６月現在のケニチさんの再生数が３０２万回、私の再生が２３７万回と開きが生じているものの、ともかく相当の回数を稼がせて頂きました。この２３７万

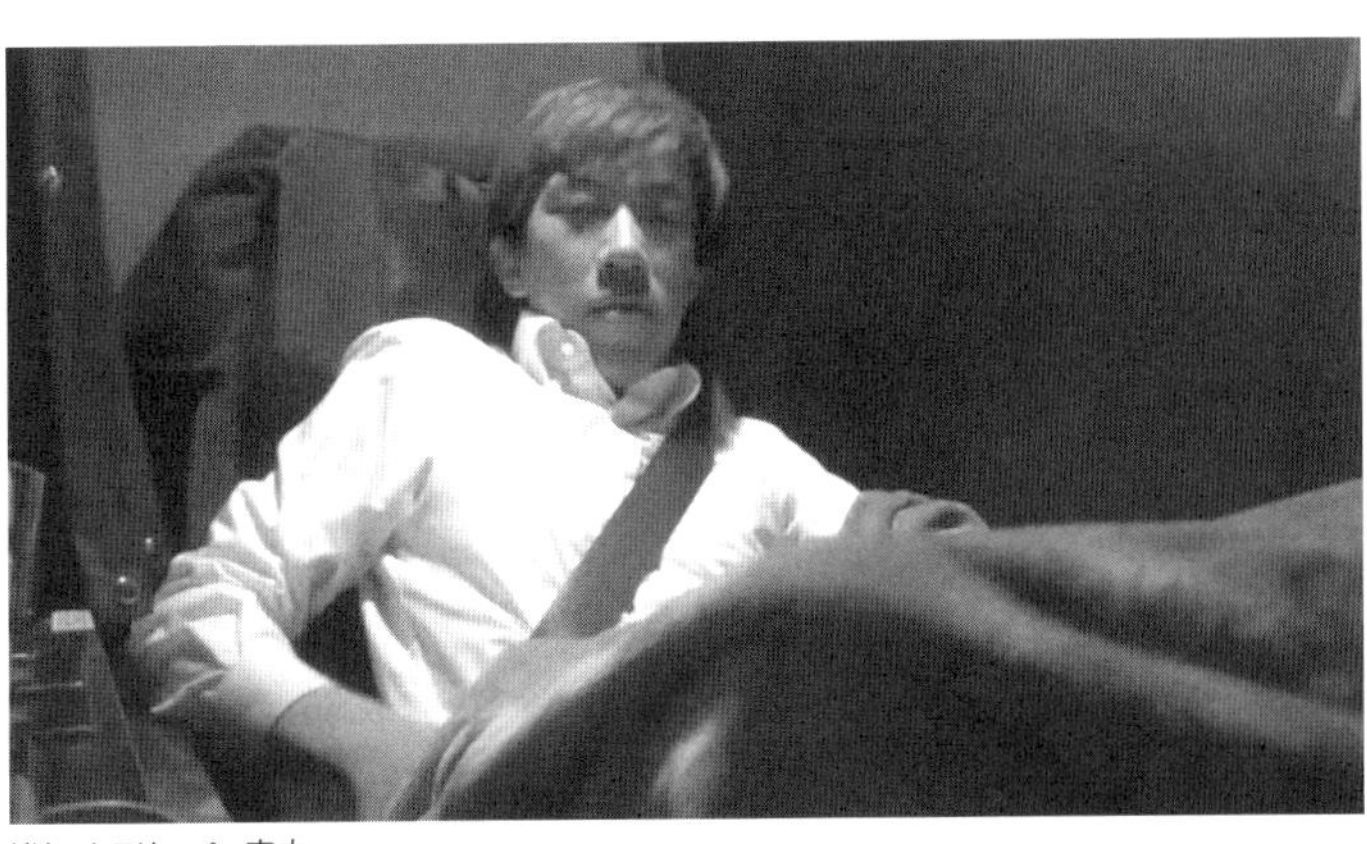
ドリームスリーパー車内。

回再生は今まで私が投稿した動画の中で最多となっています。鉄道YouTuberと言っているのに、バスにとてもお世話になっているのです。

極端に多く再生された動画の評価は、大変興味深い状態になります。私が投稿した『【ドリームスリーパー】東京↓大阪の個室バスは寝台特急より快適なのか？』の高評価数は1・4万、低評価数は3302と表示されており、低評価率はおよそ20%です。スーツ交通チャンネルの低評価率は平均すると4・8%ですから、通常の4倍以上です。ちなみに投稿から最初の半年間ほどで見ますと低評価率が25%に上がるのに対し、この2020年6月の低評価率は6%とずいぶん落ち着いています。つまり投稿直後は低評価が多く寄せられ、最近はそうでもないわけです。これは、私の投稿したドリームスリーパーの動画が大成功を収めたことを意味しています。今でこそかなり普通の発声をするようになりましたが、2018年当時は今よりも甲高く早口で、あまり日常で使われない言い回しを用いた話し方を徹底していました。この話し方が好きだという視聴者が多いので、動画の特徴づけのために実施していたことでしたが、特徴があるからには拒否反応を示す人もおり、多めの低評価が寄せられ、「顔が気持ち悪い」「普通に喋れないのか」「頭おかしい」という類のコメントも目立ちました。こういったコメントを見て感情を変化させることなく、そこからチャンネルの発展につなげられる能力があると、YouTuberとして成功しやすいような気がします。少なくとも、これらの低評価や暴言は良好な状態の指標であると私には映りました。

普段、そこそこの回数再生されている動画は、チャンネル登録者を中心に、私のことを知っている人たちが再生しています。動画視聴者の全員が私の独特の話法を承知して動画を視聴しているわけですから、それに関する暴言もほとんど届きません。逆に私の容姿や発話に対しての拒否反応に基づく暴言が多く届くということは、その動画で私のことを初めて見たという人が多いことの証明になります。YouTube投稿に限った話ではないと思いますが、商売において重要な問題のひとつに、いかにして初めてのお客さんを獲得するかということがあります。実際には高評価が動画の約8割を占めており、多数の好意的コメント、例えば「この人、初めて見たけど面白い」といったものも寄せられており、豪華バスの動画を機に私の作品を見るようになったという人も相当数いるはずでした。実際バスの動画が再生されたことで、その関連として表示される他作品にも波及効果が及び、全体的な再生数を増やす効果も現れました。それから先は特に再生回数を重視するようになりました。それまで

はあくまで動画単体での利益を上げることにこだわっており、見込める収益から必要な費用を差し引いて、それが黒字になる場合には撮影を実施するという思考回路を組んでいましたが、２０１８年の4月ごろからは利益（収益から費用を引いたもの）が期待できなくとも、多数の再生回数と「箔付け」に役立つと思われる撮影に関しては、積極的に実施することにしたのです。その例の１つが国際線ファーストクラスでした。「ファーストクラスに乗ったことがある」という事実は、それだけで見る人に何らかの印象を与えるでしょうし、超高額な運賃をその動画による収入で賄えなくとも、知名度の上昇と他の動画への波及効果、そして箔によって容易く元を取れると見込みました。

２０１８年4月1日の時点（ちなみに、このときのチャンネル登録者は4万人ほどでした）で、国際線ファーストクラスの動画を投稿したYouTuberはおらず、夏に予定していた世界一周旅行までの約5カ月間はその状況が変わらないことを祈っていました。それまでに投稿していた、国内線のファーストクラス動画はいずれも成功していましたが、国際線では１００万円超の運賃という迫力から、比較にならないほどの再生数が手に入ることは明らかでした。特に自分がその最初の１人となることが重要でした。ところが残念なことに、4月20日に「レオ（LEO）」さんという方が『片道１００万円オーバー!!　JAL国際線ガチのファーストクラス！　JAPAN AIRLINES FIRST CLASS AIRPLANE SEAT』という動画を投稿してしまい、またもや後塵を拝すことが決まりました。ただ幸いだったのは彼のチャンネル登録者が数千人程度と少なかったことです。彼の動画は極端に勢いよく再生されてはいませんでした。私が5カ月後に同様の投稿をしても再生数で巻き返し、まるでこちらが先に投稿したかのように上塗りしてしまうことができそうでした。2020年6月現在、現在のレオさんの動画は109万再生です。私の動画は173万再生で、飛行機のファーストクラス動画としては最も再生されています。また、航空YouTuberの「おのだ」さんという方がいることもかなり危険視していましたが、幸いなことにおのださんがファーストクラスの動画を投稿したのは、私よりも後のことになりました。

そして2018年9月9日にロンドンから英国航空BA173便、ニューヨーク行きのファーストクラスに搭乗、続く9月12日に日本航空JL5便、東京行きのファーストクラスに搭乗しました。全区間の運賃は1,345,000円だったと思います。詳しいことは動画で見て頂ければいいのですが、BA173便のファーストクラス座席は寝台特急のベッドのような、極めてくつろげるものでした。客室乗務員さんは仙人のように親切で、初めての国際線で分からないことがたくさんあるのだと伝えると、優しく理解しやすい英語で話してくれました。彼らの態度の端々から、到着地のニューヨークではまだ飲酒が許されていない20歳の若造であっても最上位の客として、敬意をもちながら扱ってくれていることを感じました。出てきた洋食が美味しかったことをわざわざ説明する必要はないでしょう。ジャンボジェット、ボーイング747の美しさと、落ち着いた雰囲気の客室は、視聴者を引き付けるにも効果的なように見えました。

BA社のB747、ファーストクラスは1階最前部にあった。

ＪＬ５便にはファーストクラス客を対象とした優先搭乗サービスを利用し、一番に乗り込みました。白い服を着たチーフパーサーから日本語で「おかえりなさいませ」との挨拶を受け、45日にわたった初めての海外旅行の終わりを実感し、大変感激したものでした。飛行中はキャビンアテンダントさんと度々個人的な話をする機会があり、これが従来の航空便ではまず経験したことのなかった、国際線ファーストクラス特有のサービスのようでした。また、誰かがトイレを利用するとキャビンアテンダントさんがすぐに入り、常に掃除直後の清潔なトイレが用意されていることにも驚きました。この2点はこれまでに一度も経験したことのないものでした。

どちらの航空会社のファーストクラスも素晴らしく、特にこれ以上改善の余地はないように思われるほどでした。その一方、目の前でなされている豪華なサービスの数々もどこか別の世界の出来事のように感じられ、もはやあまり心が動くこともなくなっていることに気づきました。YouTubeで独立採算を達成してからおよそ1年の間で、様々な豪華とされるものを撮影のために利用し、私はすでにすっかり豪華なものに飽きてしまっていたのです。全く不自由のない広さの座席を利用し、行き届いた気配りと共に運ばれてくる高級な食事をしつつ、大陸間の移動をするということが極端な贅沢であるのは容易に理解できますが、理解と感覚は違うもので、私は一度も目の覚めるような感動をすることなく、ついに羽田空港に降り立ってしまいました。ただし何も感動しなかったことそのものが、私にとって一番の感動的な出来事であったということも事実でした。私は贅沢が飽きるものであって、また限界があるとこの機内で知りました。これまでは再生数の獲得を目指すかたわら、今まで経験したことのない旅に自分自身心を躍らせている節もありましたが、ここで初めて、もうお金を使うような経験はいいかなと思い始めたのでした。着陸の直前、

JALのファーストクラス。全員最高に親切だった。

ファーストクラスに学んだこと（飛行機について）

YouTubeの収益がうなぎ登りになっていた時期のことを思い出しました。

1日2,000円しか手にできていなかった窮状から一転、毎日の売り上げが1万円以上になったときの嬉しさ、感激と言ったらありませんでした。食費を節約していつもお腹を空かせていたのに、毎食満腹になるまでバランスを考えた食事ができるようになりました。そのときは定食屋で1,000円の注文をするのがとても幸せなことに感じられました。その歴然とした変化に比べれば、ファーストクラスの自席に高級料理が運ばれ、高級なシャンパンをすすめられるのは、あまりに小さな変化でした。この時の機内食は確かに美味しかったのですが、街角のチェーン店で売っている300円ぐらいの牛丼も、やはり同じように美味しいからです。

これはファーストクラスに乗る前から薄々気づいていたことではありましたが、私は贅沢をすることが特段好きなわけではありません。お金儲けのことばかり考えて動画を投稿していることは本当ですが、最終的に増やしたお金を何に使うかという考えはほとんど持っていないのです。多くの人が、お金を稼ぐのが好きな人間は使うのも好きなのだと勘違いしているようで、私は自身の考えが正しく伝わっていないことを少し残念に思っています。私も確かにお金が無かったころは贅沢な空間に憧れを抱いていましたが、それはお金がないから贅沢とは何なのかを知らなかっただけで、実際にそれを味わってみると、自分にとってはそれほど魅力的なものでないということに気づいたのです。

そもそも一生懸命にお金を稼いでいるのは安心して暮らしたいからであって、病気や過労、そしてあらゆる不便と一生涯縁を切るための金額さえあれば十分なのでした。ファーストクラスに搭乗し、贅沢の限度を知ってからは、自分のための贅沢は必要ないのだと確信し、以前より意識的に贅沢を避けるようになりました。特に、普通車の混雑を理由に東海道新幹線のグリーン車を利用する習慣を廃止しました。東京―新大阪間2時間30分を隣の人に気を使いながら過ごすのが不快であったため、頻繁にグリーン車を使っていたのでしたが、よく考えてみれば大学で授業を受けているときの椅子はリクライニングなどしないただの板切れで、混雑する講義では左右を見知らぬ学生に挟まれるということも珍しくありません。そんな状況で1時間半も勉強することができるのに、よほど快適な普通車に2時間座っているだけで耐えられないとは、我ながらてんでおかしな話でした。しかし実際には、その後も贅沢な動画を投稿することをむしろ積極的に続けました。高額な航空運賃を支払い実施した日帰りハワイ旅行、往復ビジネスクラスを利用した南極旅行（当日は飛行機が壊れてオーストラリア旅行になってしまいました）、豪華客船飛鳥Ⅱのクリスマスクルーズ旅行などを年内に実施し、その後も数十万円から100万円の出費をおよそ2か月おきに繰り返していました。理由は税金対策と広告です。ファーストクラスの動画単体では利益を得ることができませんが、ドリームスリーパーのように新規顧客をほぼ確実に集めることができます。これは確実に将来の利益につながりますし、同業者間で頭一つ抜き出た実績を持っていることは、視聴者から相対的な評価を得るうえで、大きな影響を及ぼすはずです。実際には私は普通列車に何十時間も乗り続ける動画や、ネットカフェに何泊もするよ

うな動画を現在でも投稿しており、決して大金を使うことしかしていないわけではないのですが、それでも「ブルジョワ系」という認識をされているようです。高級な乗り物に複数回乗ったことがあるという実績が、いかに目立つものであるかよく分かります。

ＪＲ各社も利益が上がらないことを承知の上で「クルーズトレイン」と呼ばれる豪華列車を走らせていますが、鉄道会社にとってもスーツチャンネルにとっても、豪華な乗り物は重要な広告塔であるようです。

ファーストクラスに搭乗した時の動画は10月ごろに投稿しました。『(73)【運賃１３０万円】ＪＡＬ国際線ファーストクラスで帰国』という動画は、目立つサムネイルを作れたこともあり予想どおりの大ヒットを納めます。次第に再生数の増加が加速しながら、低評価率も順調に上がっていき、新規顧客を次々獲得したように思われました。そして、ＹｏｕＴｕｂｅから提供されるデータを見る限りでは、その動画を見終えた視聴者が続いて私の他の作品を再生する確率が群を抜いて高いらしいことが判明してきました。

その動画には「この動画をきっかけにスーツさんの動画を見るようになりました」とのコメントが多く寄せられており、この動画が広告としての効果を遺憾なく発揮していたと評価していいでしょう。現在は私やおのださんがファーストクラスの動画を乱発したために、ただファーストクラスに乗ったというだけでは、多数の再生を獲得することが困難になっているように見えますので、私はファ

オリエント急行での旅も金額でいえば上位に入る。

ーストクラスの動画から足を洗う宣言をしました。実際、普段私の動画を再生している視聴者たちは贅沢な動画全般に飽きているようで、ファーストクラスの動画に限らず、投稿直後は以前ほど再生数が増えなくなっています。それでもどっしりと構えていれば後から再生数は伸びてくるようです。

２０１９年には、オリエント急行、ＡＮＡファーストクラス、ＪＲ東日本「カシオペアクルーズ」「トランスイート四季島」などが、費やした金額で言えば大型の企画になりました。

おのださんとの攻防

航空YouTuberのおのださんとは仲良くしていますが、競合他社として頻繁に凌ぎを削る戦いを繰り返しています。国際線ファーストクラスの動画を私が出したことがその始まりではないかと思います。おのださんより先にファーストクラスの動画を出すことはきわめて重要と思いました。2018年9月に搭乗することは3カ月以上前から決まっていましたが、そのことをおのださんに察知され、先にファーストクラスに乗られることのないよう、なるべく直前まで搭乗の予定を秘密にしておくなど、徹底した対策をとりました。それから立て続けに、ハワイ日帰り旅行、JALビジネスクラス、南極フライト、初日の出フライトなど、おのださんがまだやっていなかったような大型の企画を連発し、飛行機が好きな人にもスーツの存在感を植え付ける作戦を遂行し続けました。おのださんを市場から退場させることを考えていたわけではありませんし、それは全く不可能な話でしたが、飛行機部門においておのださんと並ぶ実力者であることを示し、地位を維持する狙いはありました。それほど頻繁に飛行機の動画を出しはしなかったものの、それから先もANAのハワイ行き超大型旅客機「フライング・ホヌ」の運行初便など、おのださんにない特別な飛行機の映像を出し、航空YouTuberとしてもある程度支配的な地位を維持するように努めたつもりです。

ただ、おのださんも私に出し抜かれる度に「やられた」と思っていたらしく、そのことがあまりに続いたため、フライング・ホヌの件以降は前よりすごい動画を連発するようになってきました。JAL国内線の新主力「エアバスA350」のデビュー時は、お互いに無言の徒競走となり、僅差で私が一番目の投稿を実現しました。しかし、A350型機のファーストクラスの紹介はおのださんが先発となりました。ファーストクラスの航空券を買うのは簡単でなく、私の方が先になるだろうと思っていた矢先におのださんの動画が出てきて、心底やられたと思いました。質の高いLCCバニラ・エア社の最終フライトのときもおのださんは

おのださんとの攻防（つづき）

全力で動画を作り、午前3時に投稿したようです。実は私も午前1時に自分の動画を完成させたのですが、翌朝の8時ごろ投稿すれば良いだろうと放置していたところ、起床した午前6時にはおのださんの動画が出ており、慌てて3時間遅れで動画を出したのでした。最近では特にシンガポール航空のスイートクラスのことで、おのださんに大幅な遅れをとっており、スーツチャンネル陣営は防戦を強いられている面も否定できません。また、コロナウイルスの流行開始直前に、おのださんが鉄道の乗車レビューを繰り返していたことも気がかりです。6月現在は旅行自粛の一環で取りやめているようですが、今後国内旅行が徐々に広がっていく一方、おのださんの得意とする国際線の利用が難しい状態は続く見込みです。その間の彼の国内での動向には予断を許さない状況であります。おのださんとの間では、このように今後も交戦を繰り返すことになると思いますが、一方で私たち2人の仲は良好で、奥さんのご懐妊などもいち早くご報告いただき、ステーキや焼き肉をご馳走になったり、外国語やカジノを教わったり、ご自宅にも招待いただいて、親子のように（おのださんはもっと若いですが）親しい関係を築いています。これらの交戦はそれほど敵対的なものでなく、むしろやればやるほど双方が活性化するように思われます。おのださんは最近いよいよ実力をつけ、スーツ旅行チャンネルは少々劣勢にあります。おのださんの知名度に便乗してそれを立て直しつつ、おのださんにもスーツの知名度に便乗して頂き、互恵的な戦闘を楽しんでいきたいものです。

おのだ スーツ先発星取表（スーツ調査）

項目	先発
ANA国際線ビジネスクラス	おのだ
国内線最長路線	おのだ
スーツ参戦	
国内線ファーストクラス	スーツ
ANA　SFC修行	おのだ
ANA国際線最長路線	おのだ
国際線ファーストクラス	スーツ
JAL国際線ビジネスクラス	スーツ
JAL　JGC修行	おのだ（同時だが、おのださんは上位資格を取得）
南極フライト	スーツ
初日の出フライト	スーツ
世界最長路線	おのだ
ANA「フライング・ホヌ」	スーツ
JAL　エアバスA350	スーツ
バニラ・エア最終便	おのだ
JAL　ダイヤモンド修行	おのだ
シンガポール航空スイート	おのだ
ANA　ダイヤモンド修行	スーツ
シンガポール航空スイート 成田便	成田便　おのだ

第5章

スーツ旅行チャンネルと日本一周動画

島根県の東端にあるベタ踏み坂。楽しむには望遠レンズが要る。

新型コロナウイルスの関係で2020年は難しそうですが、毎年夏季にはスーツチャンネルの価値を大きく高めるような長期の旅行を実施することが慣例になっています。2017年は最長往復切符の旅、2018年は世界一周、そして2019は日本一周としました。日本一周と言うとずいぶん小さな企画のように見えますが、これは原点回帰を銘打ってスーツ旅行チャンネルを大きく成長させるための施策でした。ただし、本当に原点に回帰したつもりはありません。

まず、このスーツ旅行チャンネルの説明をする必要があります。元々私の動画投稿が軌道に乗ったのは、鉄道マニアを対象に絞り込んだためでした。中途半端に一般視聴者からの受けを狙った動画を投稿したのは過ちでした。その反省から、活動が軌道に乗ってから約1年の間は鉄道を専門に取り上げることに徹し、観光に関する動画を取り上げることはほとんどありませんでした。ただ、実際にはテレビで旅行番組が頻繁に放送されていることからもわかるように、観光の動画も十分な需要が見込めるはずでした。そして鉄道マニアという限られた領域よりも、旅行・観光という誰でも一度は経験したことがあるであろう、敷居が低い分野で活動した方が、本来は圧倒的に再生数を稼ぎやすいはずだと思っていました。

当時、旅行の動画で再生数を多く稼いでいた投稿者に、100万人ほどの登録者を抱える「SekineRisa」さんがいましたが、彼女はそれほど目的地のことを詳しく紹介していませんでした。ニューヨークの動画がよく再生されているので見てみましたが、買い物と食事をしながら楽しそうにするシーンが大半で、何のためにニューヨークに行ったのか、いま一つ理解できませんでした（実際には異国の人と触れ合い、文化に触れることそのものが彼女の趣味であるか、視聴者からの反応を獲得できるかのどちらかだろうと思っています）。今は関根さんのことを批判するつもりは全くありませんが、私はニューヨークに行った日本人はみなエンパイア・ステート・ビルに登って、それが大戦争の前からそこにそびえていたことに驚愕し、タイムズ・スクエアに高く掲げられた東芝の看板を見て、経済でその国を制した実感を持ち安堵するものだと信じていましたので、そんな何もやっていないような動画が何十万回も再生され、しかも好評を得ているのなら、私でもある程度の再生数を獲得できて当たり前のように感じました（なお、私が初めて関根さんの動画を見たとき、自身の方が高尚であり関根さんの動画は劣ったものだと、見下した見方をしたことは正直に記します。実際には、私が自分のことを関根さんや彼女と同様の観光をする旅行者より高尚だと、根拠もなく思いあがっていただけでした。私も最近、渡航客たちの中にはどうも、エンパイア・ステート・ビルの築年数や米国における自国企業の勢力の如何など気にならないという人も少なくないらしいと考えるようになりました。だからこそ関根さんの、私にとっては中身がスカスカに思える動画は、ある

エンパイア・ステート・ビルディング。1931年に竣工したらしい。

程度の好評を博しているのでしょう）。

具体的に計画を動かし始めたのは、上記のとおり、活動が軌道に乗った1年後の2018年7月でした。サッカーワールドカップの時期にチャンネルの再生数が激減しており、気分転換のために前々からの計画を実行に移したのでした。このとき「スーツ1」チャンネルを新設し、従来鉄道の動画を投稿してきた「スーツ」チャンネルは「スーツA」チャンネルに改称しました。新規に設置したチャンネルが、サブチャンネル（主たるチャンネルの下位に属するチャンネル）と視聴者に認識されないよう、「数学I」「数学A」に倣ってつけた名前でしたが、あまりに分かりにくい名前のため「スーツA」「スーツB」を経て「スーツ交通」「スーツ旅行」にまとまりました。当初は交通チャンネルで移動を紹介し、旅行チャンネルで訪れた町を紹介するという方針でしたが、連続性を確認することが困難であるため、旅行チャンネルには専用の動画を作って投稿する方向で固まっていきました。その方向性が固まり切るまでにさらに1年を費やしてしまいましたが、いよいよ旅行チャンネルが軌道に乗ってきた2019年初夏に、徹底的な勝負をかけて旅行チャンネルの地位を確固たるものにすることを決めました。日本一周の旅です。2019年8月1日時点

旅行チャンネルの動画の一例。

スーツ旅行チャンネルと日本一周動画

でのスーツ交通チャンネルの登録者は28.4万人、スーツ旅行チャンネルの登録者は10.6万人となっていました。2カ月にわたった日本一周の旅で、旅行チャンネルの登録者は一気に15万人まで増加しました。

日本一周の旅は今までの私の作品の中でも異色の、ゲームとも言える作品でした。前日の動画再生数に応じて翌日に使用可能な金額を決めるというもので、その金額は旅行ができるかできないかのギリギリの範囲内で毎回上下するのでした。このルール設定にはいくつかの理由がありました。目的の1つ目は、わが身を人質にした再生数の増加です。視聴者の中には相当熱心な人たちがおり、彼らは私が安全で不自由ない生活を送ることを切に願ってくれていました。再生数が少なければ、画面の中には貧しそうに食パンをかじったり、公園の蛇口から給水して持ち歩いたりする私の姿が登場することになるはずで、そんな人たちは動画を再生せずにはいられないに違いないと思いました。そしてその再生数が、多くの新規顧客を呼び寄せることに繋がると考え、実際にそのとおりになりました。2つ目の目的は成金イメージの払しょくです。2019年5~7月には特に多額の経費をかけた動画の投稿が連続しました。JR東日本「カシオペアスイート展望室」「カシオペアクルーズ」

ひもじい食生活の中、久しぶりにご馳走（焼きとり）を食べる。

「トランスイート四季島」、ANAファーストクラス、JALビジネスクラス、ハワイのトランプホテルのスイートルーム等、この時期に投稿した多数の贅沢系の動画の制作費は、合計で300~400万円ほどに上っていました。私個人は贅沢に関心がない性格であると言っても、これほど連続すると視聴者も辟易としてくる可能性があり、印象の悪化が懸念されます。湯水のごとく金を使っている他人を見て嫉妬する人もいるでしょうし、単純に贅沢動画を見ることに飽きてしまったという人もいるでしょう。ギリギリの予算で実施した日本一周の旅は、その開始前に立て続けに投稿した、極端に豪華な動画に対する中和剤という意味がありました。特に、最初期の最長往復切符の旅が、スーツチャンネルの最高傑作だと感じている視聴者には効果てきめんで、ネットカフェや簡易宿泊所、スーパーの値引きを活用した旅費節約は最長往復切符の旅を彷彿とさせる感動的な演出となったようです。そして、超低予算での日本一周旅行が完遂したのを見た視聴者は、贅沢な動画に対しての耐性も

食べるのがまずそう

昔からよく言われることですが、私の食べ方は汚いとか醜いという以前にまずそうに見えるそうです。私自身、そう見えても不思議ではないだろうと思っています。私はあまり食べ物に関心がなく、小さいときは食事が嫌いでした。

時間がかかるし、全部食べるのが大変だったからです。お腹の容量の問題以上に、完食までの長大な所要時間を無駄に感じていました。小学校の給食は毎日昼休みまで食べて、給食室まで持っていくのが日課だったのです。お腹が空くという感覚を覚えることはいまでも少なく、意識しないと昼食を食べ逃すほ

スーツ旅行チャンネルと日本一周動画

身につけたのではないかと思います。彼らには、スーツの目は贅沢で曇ってなどおらず、金を使わずに人の心を動かす実力を有しているのだという感想を与えるつもりでした。また目的はもう1つありました。「私はこんなに低予算で、楽しい旅行を提案することができるだけの知識があります」「私はまだ若い大学生です。体力や若さも私の自慢の武器です」こう宣伝することでした。

ほとんど寝ずに山歩きなど、本当によくやったと思う。

一連の日本一周動画には、どんな人でも、残りの人生の間で最も若いのは今なのだから、それを活用しない手はないという主題を込め、徹底して視聴者に、若さを活用する大切さを訴え続けました。

例えば、午前3時ごろ出港する徳島―和歌山間のフェリーでたった2時間の雑魚寝をしてから、日本

どです。

栄養の欠乏を防ぐために必ず3食摂ることにしていますが、そんな理由で面倒がりながら食事する人間が、自身の食事風景で他人を楽しませることは難しいのではないかと思っています。しかし、食べ物は多くの人を魅了するようですし、旅の目的そのものともなり得ます。

そのことをよく覚えておいて、せめて知識だけでも蓄え、多くの人にスーツらしく食べ物を紹介することを、まずは一番の目標としています。実際、食べ物に注目して制作し、成功をおさめた動画も多くあります。食通にはなれそうにありませんが、食文化の研究を今後も熱心に続けるということでどうでしょうか。

で最も険しいと言われる峠道「暗峠」を徒歩で越え、その足で奈良市・名古屋市も歩き回り、中部国際空港のベンチで夜を明かして、翌朝は格安航空で沖縄に飛ぶという過酷な行程を、平気な顔でこなしていくさまは、視聴者を驚かせたようです。翌日の沖縄でも惜しみなく体力を投入した動画を作りました。1日で太平洋戦争の主要な戦跡を巡りきるために、本来乗ることができないバスを全力疾走で追跡し、2つ先の停留所で間に合わせるということをしました。下車後も疾風のごとく丘を越えて、洞窟の見学時間締め切りに間に合わせました。それまでのスーツチャンネルでは全般的に、およそ一般人がやらないようなお金の使い方をする動画が目立ち、現実味が欠如している感が拭えず、問題があると認識していました。あまりに浮世離れした動画ばかりでは視聴者の参考にならず、旅行が好きな人の心を掴むことも難しい気がしました。

この日本一周旅行では、逆の意味で浮世離れした光景と、純粋に参考となる情報を次々見せ続けることにより、視聴者の印象を中和することができるだろうと思っていました。実際、お金にそれほどゆとりがない高校・大学生あたりに役立つ情報を特に多く盛り込んだつもりで、〇〇駅から自転車を1時間漕いだら、バス代の2,000円を500円に浮かすことができますとか、この旅館は防音が良いとは言えないけれど、1泊2,000円で泊まれますとか、そんな話が中心でした。これらは裕福な大人にとって必要のない情報かもしれませんが、これまで高級なものばかりを紹介してきた生意気な大学生が、急に年相応の貧乏旅行を始める姿は、裕福な大人たちにも興味深く映るのではないかと思

スーツ旅行チャンネルと日本一周動画

いました。お金を使わなくても、知識を動員して見ごたえのある動画を完成させていくさまは、私自身の旅行に関する知識や経験、実力のほどを証明していますし、ファーストクラスの座席で寝ているだけでは分からない私の体力と精神力を披露することで、一部の視聴者は私のことを成金ではないと、見直してくれたかもしれません。

また、この日本一周の旅は、私がチャンネル開設初期において商業的に失敗させた、最長往復切符の旅の実質的なやり直しという側面も持っています。「最長往復切符」という理解しがたい要素は「日本一周」という直感的な概念に置き換えました。また、最長往復切符の旅の大きな問題、地味であったり写真映えしないような場所を多く訪れたり、それぞれの動画に山場がなく、ダラダラとした進行になりがちであったりしたことを注意深く改善しました。そのような旅では魅力的なサムネイルとタイトルを制作して、視聴者を引き付けることが困難になりますので、日本一周旅行においては各回に必ず目玉となる場所を用意し、また各回に副題を設けられるような行程となるよう細心の注意を払いました。

この日本一周動画は登録者増加の面でも単純な収入の面でも大成功を収めました。連続ものの動画を投稿すると、どうしても後半に進むにつれて視聴者の興味が減退していくものですが、日本一周旅行ではほとんどその傾向が見られませんでした。自身を人質とした作戦は確かに効果があったようです。動画投稿と実際の行程のずれがあるために、最終回の半月ほど前には実際の旅が終了してしまっ

ていたのですが、それからは再生数が大きく減少していました。これは、本人の生活に影響しないと知り、再生の手を休めた視聴者が多いことを示しています。ただ、時間の関係で投稿直後に再生できなかった人が多くいたらしく、期間を経るにつれて後半部も再生を伸ばしていき、結局どの動画もスーツ旅行チャンネルでは上位に入る再生数を記録しました。最終回のエンディングでは涙を流すほど感動した人もいたそうで、投げ銭機能「スーパーチャット」を介して、合計数万円の寄付金が届いたほどでした。私はその2カ月間、私の動画を共に見続けて下さった方が、いまこの部分をお読みになって、落胆しているのではないかと思っています。多くの人を感動させた芸術的側面も持つ日本一周旅行の屋台骨となっている考えが、あまりに打算的なものであるからです。ここで言いわけをさせて頂けるならば、日本一周旅行の計画段階が打算的なものであったことは私も認めますが、

スーツ旅行チャンネルと日本一周動画

その計画に粛々と従いながら全国を旅した2カ月の間は、単純に面白いもの、視聴者の心に響くものを追い求めたつもりです。

打算的な計画を立ててそれに従うことと、人の心を動かすものを作ることは容易に両立すると感じています。実際この日本一周旅行は、お金に著しい制限のあった高校生時代が思い出され、大変懐かしい気分に浸れるものでした。1人の旅行好きとして、質素な旅を楽しむことができたことで、自分が金額の大小にかかわらず、条件に応じて素晴らしい体験をする純粋な心の持ち主であることを確認したように思われました。立場や収入、生活様式が大きく変わっても、自分自身の本質は何も変わっていないことに、私はとても満足しました。

ところで、本当ならスーツ旅行チャンネルの登録者は、スーツ交通チャンネルを追い抜いて、スーツチャンネルの中核を担う計画でありましたが、実際には交通チャンネルの方が圧倒的に大規模である状況が変わっていません。私の力不足によって、旅行チャンネルが低成長に甘んじている可能性は否定できませんが、それよりも交通チャンネルの成長が未だ天井知らずであることが理由と考えています。旅行チャンネルを開設した当時、私は鉄道マニアの顧客となり得る層を掴み尽くしてしまい、これ以上取れる市場は残っていないと思っていました。ところが実際には、その後もチャンネル登録者数は右肩上がりを続け、2020年6月現在は50万人に迫る勢いです。あくまで私の経験に基づいたものですが、小学校、中学校では各クラスにあたり1名程度の鉄道マニアがいましたので、それを基に考えると鉄道マニアの人数は人口の30分の1程度、約３００万人と予想しています。その６人に１人がスーツ交通チャンネルを登録しているとはとても考えられませんので、現在のチャンネル登録者の伸びは、鉄道マニアでない人たちを取り込んだことによるものと思われます。自分で市場規模の拡大ができることまで私は想定していませんでしたので、大変嬉しい誤算でした。これができれば同業者から恨まれることも減るでしょうし、鉄道・旅行業界に人を呼び込んで、業界全体を元気づけることにも役立てるはずです。

スーツ交通チャンネルの成長に未だ限界が見えないのは大変嬉しいことですが、スーツ旅行チャンネルにおいてもまたそれは同様であるし、やはり多くの人々を引き付けやすいチャンネルだという認識は変わりません。今後も全力の投資を続ける方針です。旅行チャンネルは撮影や編集に手間がかかり、必要となる経費も交通チャンネルと比べると多い場合が普通で、頻繁な投稿も難しい状態にあります。企画も基本的に採算度外視で、単純な収支としては大きな赤字になっているものもあります。採算度外視という言葉は、思考を停止しているように見えてあまり好きではありませんが、あえてここで使用しました。正確には収入度外視という表現が良いかもしれません。収入はおまけであり、本当の目的は面白い動画の数々を知って頂くという考えがここにあります。つまり、現在の旅行チャンネルの全ての動画は広告宣伝であって、そこへの収入が全くのゼロであっても構わないということです。収入が少ないのは再生数が少ないからで、多額の経費を費やしてもそれを上回る再生数を獲得できれば、

スーツ旅行チャンネルと日本一周動画

大きな黒字を獲得できるという点は変わりません。面白い映像を作ることだけを第一に考えて、惜しみなく資金・労力を投下した動画ばかりの旅行チャンネルは、私の動画群の中で最もお買い得なものが集まる場所と言えるでしょう。

ただし、原則的には収入度外視ということにしていますが、収入を少なくすることが第一の目的というわけではありませんので、当然利益機会は積極的に掴むことにしています。「企業案件」と呼ばれるものを比較的多く受け入れるのも、旅行チャンネルの特徴です。私が動画で紹介したバスツアーが、視聴者だけで全部満席になったり、離島航路の乗船客数が3倍になったりと、旅行に関係する施設への宣伝効果が大きいため、各企業から私に広告宣伝費を支払うので、動画で取り上げて宣伝してほしいとの依頼が入る場合があるのです。私程度の知名度だと、1回の投稿あたり100万～300万ほどの料金を請求することが相場のようです（実際その値段でやっているかは別の話です）。

ともかくこれを増やすことで売り上げを数倍に持ち上げることもできるのですが、中には大して面白くないようなもの、特に鉄道や旅行と全く関係ないようなものを宣伝してほしいという依頼も多いのが実情で、受け入れにはかなり慎重な姿勢を取っています。当然のことですが、視聴者はコマーシャルを見たくてYouTubeを開いているわけではありません。

YouTubeにおいて広告とは邪魔なものであり、本体の動画が面白いからこそ時間を割いて視聴するのです。もしも動画そのものさえ広告になってしまったら、一瞬で視聴者の信用を失い、それが現金収入にも直ちに反映されることになるでしょう。特に日本人の心に染み付いた嫌儲思想は相当根深いものがあり、1,000円のツアー代金をYouTubeで宣伝する代わりにタダにして貰っただけでも、視聴者から苦情が来るほどです。ですから各企業から届いた案件を見て一番重視するのは、金払いの良さよりも面白い動画を作れるか否か、それが第一ということになります。撮影のときであっても、金を貰っているからと言ってお世辞を言うということは、絶対に避けなければいけません。それはきっと視聴者も見れば気づいてしまうからです。面白くない映像を前にして「面白い」と楽しそうにはしゃぐ光景は、見る方からしたら馬鹿馬鹿しいものです。

しかし視聴者の方は予想できないかもしれませんが、実は企業案件は普通の撮影よりかなり気楽な撮影でもあります。例えばJRの列車に個人的に乗って撮影し、自分なりの感想を吹き込むというときには、あまり消極的な意見を発することはできません。JR東日本にYouTube撮影の是非を問い合わせたときは「撮影は問題ないが、動画の内容に問題がある場合は連絡させて頂くかもしれない」という回答を頂きました。

大変ありがたいご回答で、問題がある場合は削除するというのも、撮らせて頂く立場として当たり前のことと考えています。ただ、先方が私の動画を確認してどうお考えなのかあまりに不透明ですし、下手なことを言って迷惑をかけるということは絶対にできません。極端な例を言えば、「このグリーン車の椅子は座り心地が悪すぎる。金を払って不快な思いをするぐらいなら、立っていた方がましだ」と思ったことがあったとしても、そんなことを言うわけにはいかないというのは、お金を貰っていようがいまいが全く変わりません。そして、どのような発言が先方にとって迷惑となるのかは、自分で判断しなければいけないということになります。そのような状況と比べると、発言の内容を担当の方が確認し、お墨付きを与えてくれる企業案件の方がはるかに安心なのです。多くの会社の方が「良いことも悪いことも遠慮なく仰ってください」と言ってくださります。そうしたほうがYouTubeという媒体には向いているということもご理解いただいているようで、これは大変ありがたいことです。ただ、実際には悪く言わなければいけないような、面白くない企業案件を引き受けることはありませんので、そのような場面は出てこないでしょう。

新型コロナウイルス騒動がある程度落ち着き、ＧｏＴｏトラベルキャンペーンなどの計画が見え始めた現在では、旅行業界各所から毎日のように撮影協力の声がかかるようになりました。スーツ旅行チャンネルでは、案件の種を撒く取り組みを続けています。観光・宿泊施設の方から「いつでもいいので来てください」というお声をかけて頂くことがあれば、それを会社内で作成している一覧にまとめておき、近隣を旅行するときに立ち寄るというやり方です。

案件のための旅行ではなく、旅行のついでに案件をこなすという、業界にはほとんど存在しないと思われるやり方です。その際、宿泊料などをタダにして頂けると嬉しいという話はしていますが、今のところ宣伝のための料金は頂いていません。その代わり、いつ行くかは私の完全な自由とさせて頂き、

YouTuberならではの自由さ、気楽さを一寸たりとも失わないことに神経を注いでいます。私の自由なので、必要とする時期に私が来なかったり、いつまでも、もしくは永遠に来なかったりするかもしれません。確実に来て、正確な仕事をしてほしい場合には、料金を頂戴できるとよいかもしれません。

企業案件の受付方針

大変発信力があるスーツチャンネルに、動画の撮影によって宣伝をしてほしいと申し入れをされる方も企業を中心として存在します。私はそういった仕事を頂けるのであれば喜んでお引き受けしたいと考えていますが、受ける仕事は良く選ぼうとも考えています。以前はお引き受けするか否かの判断を報酬の額に

企業とのトラブル

私に連絡するには、インターネット上に掲載されたmeーru@suーtudouga.comというメールアドレスを使えばよいことになっています。送られてくるメールの6割はファンレターで、それは読み流すだけとしていますが、残りの4割は企業からの提携を相談する連絡です。

しかし、実はこのメールアドレスを開設した真の目的は、企業からの苦情を受け付けることにあります。不適切な動画を作成した場合、企業が速やかに削除を依頼でき、トラブルを大きくしないために開設したのでした。

一度だけこれが機能しました。ある企業から動画の削除を要請され、それに応じない場合は法務部から法的措置を取ると予告する内容のメールを受け取ったことがあります。念のために言っておくと、鉄道会社ではありませんし、スーツチャンネルともそれほど関係の深くない業種の会社です。

問題の内容は、その企業のサービスを口頭で紹介

スーツ旅行チャンネルと日本一周動画

よって決めていましたが、最近は先述のとおり、金額よりも紹介するものの面白さを重視しています。

そして、余程の高額報酬（数百万円ぐらい）でない限り、面白くないものは紹介しないことにしています。これまで宣伝したものをいくつか例示します。秋田内陸縦貫鉄道の新型車両、肥薩おれんじ鉄道の女性運転士（架空の人物です）を描いた映画『かぞくいろ』、衣装として着用している湘南モノレールオリジナルTシャツ、大型客船「さるびあ丸」、長野県の古い温泉旅館「清風荘」、首都高速を走る天井なし観光バス、東京湾の南端に浮かぶ明治の要塞「第二海堡」、東海道新幹線の入念な感染症対策、災害から復旧した箱根登山鉄道、このようなものが並びます。現金

するというもので、私の発言はイメージ戦略の阻害になるとの話でした。確かにその会社が目指していることと、動画の内容は正反対なのでしたが、私にはそれは不思議な苦情に感じられました。寿司を売っている店の正面で「このお店は寿司屋です」と紹介したら、店から「うちはラーメン屋なので、これはイメージの棄損になります。動画を削除してください。でないと法的措置を取ります」と言われたように思えたのです。

ラーメン屋を名乗りたいなら、まずラーメンを売るべきではないのでしょうか。私自身その企業に対して、動画の中で批判的な態度を一片たりとも示しませんでしたし、相手方の利益にもなるようにと考えて撮影していたのですが、それでも相手が嫌がることをして稼ぐことはあまり良くないかもしれません。納得はしませんでしたが、すぐに動画を削除しました。

相手方のサービスを映像に映すことなく口頭で評価するということの、何が法的に問題であったのかも全く不明で、訴訟を起こされたとしても、何も起こらなかったのではないかと思っています。

100年前に造られた首都防衛施設「第二海堡」に特別上陸！ 6/27-101
スーツ 旅行 / Suit Travel • 73万 回視聴 • 1 週間前
２０２０年６月27日 船の貸し切り運行をご担当頂いたのは(株)トライアングルさんです。第二海堡の他にも、護衛艦の見学クルーズや猿島 ...
4K

【世界一のLCC】エアアジア・ジャパン福岡行き 運行初日に搭乗
スーツ 旅行 / Suit Travel • 15万 回視聴 • 1 か月前
everyonecanfly #もう一度飛ぼう ２０２０年８月１日 エアアジア・ジャパンは中部国際空港を拠点に運行している航空会社で、国内線では ...
4K 字幕

【日本一険しい80‰】箱根登山鉄道線を乗り通す 粘着鉄道最急勾配　小田原→箱根湯本→強羅
スーツ 交通 / Suit Train • 34万 回視聴 • 3 週間前
２０２０年８月５日 ※この動画はいわゆる企業案件です。小田急エージェンシーさまからご発案頂き、本企画が実現いたしました。ご協力頂き ...
4K

N700S系のぞみ 名古屋→東京で乗車　超高速スタンプラリーの旅
スーツ 交通 / Suit Train • 27万 回視聴 • 1 か月前
２０２０年８月４日 この動画は、JR東海、日経新聞社の皆様と企画し、東京都美術館のご協力を頂き制作しました。東京都美術館での浮世絵 ...
4K 字幕

を頂いて制作した動画と、経費のみ負担頂きこちらで制作した動画とありますが、いずれも相手先企業のご協力を頂き、かなり質の高い動画に仕上がりました。

一般利用者の域を超えた映像が提供できるのも企業案件にありがちな長所です。私が報酬・もしくは費用の免除という利益を得、先方は大きな宣伝効果を得、視聴者も質の高い映像を得る、売り手、買い手、世間の三方に利益があることが、お引き受けに必須の条件です。

第6章

スーツ背広チャンネル

視聴者に事前の断りなく剃髪。歳末の好況も手伝い大儲けした。

私は鉄道・旅行関連のYouTuberをやっているつもりですが、実際にはそれらとほとんど関係なく、また多くの人たちから支持されるチャンネルをもう1つ持っています。「スーツ 背広チャンネル」です。このチャンネルを使って何をしているのか、一口に説明することは難しいのですが、私の管理するチャンネルの中で最も収益性が高いことは確かです。思いついたとき、時間が空いているときに携帯電話やビデオカメラを回し、そこに10分以上話し続けることが基本的な活動となっています。現在は自分の知名度を最大限活用するために運用しているチャンネルですが、当初は鉄道とは別の方向から知名度を上げることができないかと考えて、自らの知名度を拡大する目的で設置したのでした。その歴史は意外と長く、YouTubeに初めて自分の顔や肉声を掲載したのは2016年12月1日でしたが、同月24日には背広チャンネルも設置し、最初の動画を投稿していました。最長往復切符の旅に出発するまでに何度か投稿を繰り返しており、どの動画も評判でした。投稿した動画は、大学に友達がいないことを悲壮感なく紹介した『大学ぼっちはいつも何をしているの?』、当時流行っていたショートケーキ味の焼きそばに便乗した『【逆】一平ちゃん味のショートケーキ作ってみた』など、典型的なYouTuberを参考にした大衆向けの内容です。それが好評だったのですから、大衆派YouTuberとして歩む道もあったかもしれませんが、最長往復切符の旅終了後は鉄道分野での急成長が見込めたため、成功するか分からない大衆向けの動画に時間を割く必要があまりありませんでした。その代わり最長往復切符の旅を通して、多くのファンが集まりました。知名度というのはありが

スーツ背広チャンネル

せっかく知名度があるなら、残らず金に換えた方がよい。たった10分の撮影で数万円になることも。

たいもので、有名人とそうでない人が同じ言葉を発した場合、有名人の言葉に価値を感じる人が本当に多いのです。これは私がわざわざ説明する程のことではないでしょうが、ともかくその性質を利用したお金儲けの機会を利用しない手はありませんでした。

2回の最長往復切符の旅が終わったあと、私は背広チャンネルを使い、身の回りで起こった何気ないことや、ふと頭の中に浮かんだ考えを披露することを始めました。そうするに至った元々のきっかけは、やはり最長往復切符の旅にありました。最も困窮していた時期、何度か番外編として雑談をする動画を投稿して再生数を稼ぎ、少しでも収入を増やそうと試みていました。その動画は旅行と直接関係がないわけですから、普通であればあまり興味を持たれないはずですが、実際には旅行本編の動画よりも多く再生されていたのです。どうも私の話は、人によっては最長往復切符の旅の動画シリーズより需要があるようでした。そのことを旅が終わってから思い出し、背広チャンネルを積極的に活用するようになったのです。背広チャンネルの動画が時間を割いて聞く価値のある話だとは思いませんでしたが、独特の話法が好きな視聴者は熱心に再生していました。そして、鉄道に興味がなく、私の鉄道動画を見るつもりもないのに、背広チャンネルの話だけ聞きに来るという人も次第に集まり始めました。本格的に背広チャンネルの投稿を始めてから、動画の長さを極力10分以上とすることを意識するようにしました。10分を超える長さの動画には、複数個の広告を挿入することができる仕組みがあったからです。9分59秒までは1個しか広告を挿入できませんが、10分以上では形式上無限に広告を入れられ、その分だけ収益も上がりやすいのでした（本書の出版時点では、この時間制限は8分に短縮されました）。短い動画にした方が再生にあたっての敷居が下がり、収益の代わりに知名度を獲得できるかもしれないという考えはありましたが、将来性を考えるのは鉄道分野だけで精一杯だったので、背広チャンネルには一切労力をかけず、短時間のアルバイトをする場所として割り切りました。それから背広チャンネルは大変すばらしい活躍をしました。投稿を本格的に始めた2017年10月ごろの平均再生数は5,000～10,000回程度とみすぼらしいものでしたが、約8本の投稿で、10月の収益を前月の7,000円から10,000円増やし、17,000円にすることができました。動画8本で10,000円というのはYouTuberとして少ない方に分類されると思われますが、投稿したいずれの動画も数分程度の長さであり、撮影後に加工や編集を一切しないで投稿していたことを加味すると話が違ってきます。録画を開始してから終了するまでの時間と、その

スーツ背広チャンネル

動画をアップロードするための時間以外には、全く手間がかかっていません。おそらく10月に背広チャンネルの動画制作に費やした時間はたったの1時間半ほどで、これを時給換算すれば7,000〜10,000円になるのでした。また、昼休みや歯医者の予約待ちなど、通常では何にも使うことができない余分の、スキマの時間さえ換金できる効率性が大きな魅力でした。キャベツの芯を時給1万円で売る感覚です。素晴らしい、これ以上にない副業です。しかも実際には、この10月はまだ背広チャンネルが視聴者の間に定着しておらず、10分の再生時間を強くは意識していない時期でした。11月の収入は約5倍の80,000円に増加し、時給も倍ぐらいになりました。12月にはYouTuber「KAZUYA Channel」さんに関する動画がプチ炎上（そんなに酷いことは言ってないと思うのですが）したことと、年末特有の好況が手伝い、さらに3倍の23万円を手にしました。2020年6月時点では時給換算で20万円ほど稼ぐことができているチャンネルです。

知識や資金は交通・旅行チャンネルに投資して、背広チャンネルではひたすら落ちている金を拾うことだけに徹するというのが原則です。視聴者の中には平素、私が時宜を弁えず、鉄道のことばかりに熱中して話していると信じる人もいるようですが、背広チャンネルには基本的に交通・旅行の要素を持ち込まないことにしています。マニアの世界とは完全に遮断された背広チャンネルは、異色の発展経過をたどることになりました。単に金を拾うだけのチャンネルと言っても、多少の方向性を設定した方が、効率的な運営になることは確かです。背広チャンネルにおいては「波乗り」をして知名度を向上させるということをしています。鉄道・旅行のように、自ら道を切り拓き圧倒的なシェアを得るという戦法はとらず、すでに開通した道に入って、植物の種の如く、通行人につかまって進んでいくという戦法です。当初は、大学に友達がいないということに注目し、それを売りにしている人たちについていくことにしました。

ぼっち系YouTuber

念のため確認しますが、私は大学2年の半ばまで、大学に1人の友達もいませんでした。そして、それを利用して作った背広チャンネル史上2本目の動画『大学ぼっちはいつも何をしているの？』という動画は、YouTube史上類のないものでした。ところがその後、大学に友達がいない大学生「ぼっち系YouTuberそろ」さん「ぼっち系YouTuberクズ人間」さんなどが、大学での生活をYouTubeに相次いで投稿するようになり、彼らは数名の「ぼっち系YouTuber」として活躍を始めていました。私はぼっち系YouTuberたちが躍進する間、最長往復切符の旅を実施していましたために出遅れ、当初彼らの同類とはみなされていなかったようでしたが、その元祖として自分を売り込み、瞬く間にぼっち系YouTuberの称号を獲得しました。ぼっち系YouTuberが複数人気を獲得してきたとはいえ、その市場規模はスーツの鉄道動画が持っているのとほとんど同程度に見えました。他のYouTuberを積極的に取り上げ、人々に自分もその一員、同類と認識させることで知名

度を獲得しつつ、そこを制覇して自分のものにできると思いました。しかし、これは私の見込み違いで、現在の私にはこれだけの知名度があり、その創設者でありながら「ぼっち系YouTuber」とはほとんどみなされなくなってしまいました。

ともかく、このように他人の知名度に便乗することが重要なチャンネルですので、日ごろ便乗している人物を紹介しなければ、背広チャンネルの本質に近づけません。本章の後半はそれに割くことにします（なお、流れに乗っていった結果か、意外と私の本性はそんなものなのか、背広チャンネルの動画は知らない間に、かなり辛辣な作風になってしまいました。私は交通・旅行チャンネルと背広チャンネルで、ちがう人格を使っているかのような感覚でいますが、不用意な行動で多くの人に慮外の不快感を与え、交通・旅行チャンネルの価値を低めることは決してないように、万全の注意を払っているつもりです）。

ステハゲチャンネル

しばらく背広チャンネルを運営してみて、自身の知名度が順調に高まっていったのに対し、ぼっち系YouTuberという概念がそれほど世間に広まっていないことがわかってきました。また、そもそも大学に友達がいないということは、一見すると他人の興味を引くようですが、実際には何の変哲もないことであり、持続的に人々を楽しませることが難しそうでした。初期の背広チャンネルでは、１

人で学食へ行く動画、昼休みに1人でラーメンを食べ、郵便局に寄り道して国民年金を支払う動画、見知らぬ横浜国大生を呼びつけ、タクシーで中華街に行って食事する動画、学校終わりに熱海温泉へ行って勉強する動画などを撮り、いずれも大好評ではありましたが、何が面白くて視聴者が喜んでいるのかを全く理解できませんでした。大学にたまたま友達がいないというだけで、ラーメン屋や郵便局に1人で行くのは当たり前だし、新幹線に1人で乗ることも私にとっては日常のことです。単に「ぼっち」という言葉が真新しいから視聴者がついている。国民年金を支払うだけ、ただ熱海温泉に行くだけ、そんな動画に将来性を見出すことはできないし、すぐに飽きられるだろうと思っていました。

そんなとき、大学3年生に進級した2018年4月のことでしたが、大きな転機が訪れました。新手のぼっち系YouTuberとして「ステハゲチャンネル」さんが台頭し始めたのです。私はだいぶ前から彼のことを知っていました。初めて見たときは、芯の通っていない動画が多いと感じており、注目に値するとも思わなかったのですが、それよりずいぶん前に投稿された『ぼっち系YouTuberって何が面白いの?』という動画（現在はチャンネルごと削除）を見てからは印象が変わりました。その動画は視聴者たちから「お前調子に乗るな」とすごく叩かれていたのでしたが、私はぼっち系YouTuberを名乗る立場からしても、それを見て大いに共感し、評価しました。当時私の他にいたぼっち系YouTuberたちの動画からは暗い雰囲気が漂っていて、視聴者を楽しませるための活動というよりも、自分を慰めるための活動をしているように見えました。また、どうも私の動画よりさら

に内容が薄いのではないかと思われる作品を連発しているようにも見えました。私は動画に悲壮感や暗い雰囲気は全く含めませんでしたし、実際極めて明るい気持ちで暮らしていましたが、前に記したように、他人が１人で普通の生活をするのを見て、何が面白いのか、何が珍しいのか、理解することは全く不可能なままに活動をしているという点で大いに迷っていました。スポンジのようにスカスカなぼっち系ＹｏｕＴｕｂｅｒたちの動画に憧れたのか、金儲けの可能性を感じたのかわかりませんが、そのころには他にもぼっちを自称する投稿者も増えてきていました。ステハゲさんは知名度がないながらその違和感に気づいていることを、先述の動画で示していました。きっといつか、より大きな存在に成長するだろうと思いました。それが、２０１８年４月のことだったのです。

ステハゲさんは中央大学の２０１８年度文系学部入学式の実施日に、多数の学生が歩き回る光景を背景にして『今の君を忘れない』という歌を一人で熱唱し、人前で奇怪な動きを披露することを始めました。その姿は著しい好評を博したようでした。私はその動画が投稿されたことをすぐには察知しませんでしたが、彼はすぐに第二弾として、もっと過激な動画を打ち出してきました。中央大の新入生が多数歩き回っている中で、『粉雪』の歌を熱唱、というよりも絶叫するものでした。キャンパス中に響いたのではないかと思われるほどの大声でした。これで、彼が極めて優秀な演者であることが明らかになりました。私も彼も、単に１人で生活するだけの、のっぺらぼうな動画に疑問を抱いていたのでしたが、彼はついに私よりも早く「ぼっち系ＹｏｕＴｕｂｅｒ」の上空ににかかっていた雲をかき消しました。そして、私は自分が作り出した概念でもある「ぼっち系YouTuber」への便乗を打ち切って、ステハゲさんに便乗することにしました。彼のチャンネル登録者が当時4,000人～7,000人（記憶があいまいです）ほどだったのに対し、スーツ背広チャンネルが3万、スーツチャンネル（現在の交通チャンネル）は5万と、登録者で見れば私の方が完全な上位でした。でも登録者数など、本当に考慮に値しない指標なのです。

私はすぐに彼の下に入り込むことにしました。下に入るというのは、彼にへりくだる演出をするという意味ではなくて、彼を使って再生数を稼ぐということです。基本的に自分より極端に知名度が低いYouTuberを取り上げることには意味がありません。自分の視聴者を他のYouTuberに流してしまうことになるし、そもそも他のYouTuberの知名度が低いなら再生数にも結び付かないからです。これは、相手の実力を認めるという、尊敬の性質を含んだ行為だと考えています。反射的にステハゲさんの下につく判断をしたのは正解でした。私は直ちに『ステハゲチャンネル面白すぎwwwwwwwwwwwwwwww』という動画を投稿したのですが、有難いことに、彼からすぐ返答の動画が届きました。内容は私を罵倒するものでしたが、私は格上の人間からこのような返答が届いたことを幸運だと思いましたし、ステハゲさんが私を仕事に使ってくれたことを、大変嬉しく思いました。また動画の中で彼は、私のことを「スーツって言うYouTuber……YouTuberなのかな?」と紹介してくれていました。

実はYouTubeに顔出しで作品を投稿している人物の中にも、私のようにYouTuberとさ

スーツ背広チャンネル

れる人々が苦手な人物が多数います。そして、外から見ればYouTuberと呼ぶことが適当な人物が、その称号を拒否するという例が度々見られるのです。これを本人に聞いたことはありませんが、彼はそのことを気づかって、動画内でそんなことを口走ったのではないかなと思っています。私はYouTuberを自称していましたので、そう呼ばれても構いませんでしたが、私は彼の心づかいを一方的に感じ取り、そして彼のファンにもなりました。ただ、彼の動画が喧嘩腰のものだったために、しばらくの間はお互いに敵対的な投稿を繰り返すことになりました。もちろん、ふざけてやっているのですが、3分の1ぐらいの視聴者は本気にしてしまったようです。そのときの経験は一生もので、収益にもなるとは思いましたが、それ以上に動画を作る楽しみを感じたものでした。彼が私のことを罵倒した場所が野外だったため、私はすぐに現地を特定し、翌朝の5時に起きて全く同じ場所、横浜市の森永鶴見工場付近に向かい、ステハゲさんに向けた動画を撮影しました。最終的にステハゲさんとは動画の上でも和解するというオチにまとまりましたが、一連の様子は視聴者にとっても面白かったらしく、またステハゲさんの登録者が背広チャンネルの登録者を超えることもなかったために、ステハゲさんを知る人の大半がスーツを知るという状態を作り出すことに成功しました。ステハゲさん自身にとっても私に紹介されたのが悪い話ではなかったのか、それからも何度か私のことを「スーツ君」と呼びながら動画を出してくれました。また、2度もお会いさせて頂き、本当に光栄なことでした。

ステハゲさんはそれからも1人で狂気に満ちた動画を繰り返し投稿し、反社会的勢力の一員と思われる人に怒られたり、中央大学に処分されたりしながら成長を続けました。実際のところ、本人は狂気じみた動画を投稿することがかなり負担だったようでした。2019年には50万再生も珍しくなくなり、隆盛を極めたにも関わらず、動画をほとんど更新しなくなってしまいました。度々ステハゲさんを利用して再生数を稼いでいた立場からすれば、そういった投稿が無くなって再生数が稼げなくなることをもったいなく思わないでもありません。彼にとっても多少はもったいないことだったのではないかと思います。しかし彼の活動初期の動画を見れば、もともと人前で狂ったような動きをすることを好む人間でないのが明らかでしたし、実際に彼と会っても、とても親切なお兄さんという印象しか受けませんでした。そのことを踏まえれば、奇怪な動画を繰り返し出し続けることを負担に思うのも当たり前です。どうやら彼はいま、動画投稿はほとんどしていないながら充実した生活を送っているようです。私はその生活が順調に続いているとの知らせが入ることを、とても楽しみにしています。そして彼に取りつくコバンザメとして、短い時代を共に歩くことができたことを誇らしく思います。あのステハゲさんと喧嘩する動画を出し合った、そのことは私のYouTubeでの活動の履歴のなかで、もしかしたら最も栄光あるできごとだったかもしれません。

パーカー／大学生の日常

ステハゲさんが事実上いなくなった現在、私が背広チャンネルで便乗しがちなYouTuberは3

スーツ背広チャンネル

人、正確には3組です。お名前はそれぞれ、「パーカー／大学生の日常」さん、「遠藤チャンネル」さん、「wakatte.TV」さんです。いずれも私より後に投稿を始め、少なくともスーツ背広チャンネルを既に超えている実力者です。

パーカーさんは私の1歳年下の大学生で、彼の日常生活をそのままYouTubeに投稿するということをしていた人でした。彼は私に憧れてYouTube投稿を始めたようでした。多数の視聴者から、彼の動画を見てほしいと促されたことが、彼を知るきっかけとなりました。かなり前から「スーツ」に憧れた人が、ブレザーとかTシャツとかパンツとか、そんな名前でYouTubeの投稿を始めがちであることを知っていたのですが、あまり大きな成功を収めた例はありませんでした。しかし彼はその中で頭角を現し、YouTube史上でもまれに見るほどの、驚くべき勢いで登録者を増やしていました。そして登録者数が再生数にまだ追い付いていないように見え、すでに私よりも、そしてYouTuberとしては末期に突入していたステハゲさんよりも圧倒的上位のYouTuberとなっていました。その原因が私でないことは明らかでした。彼の作風は、特段変わったことが起こるわけでもない日常生活の垂れ流し（のように見える）「ルーティン」動画と、私が以前に見限った「ぼっち」を核としていて、私の普段投稿している動画とは全く種類の違うものであり、私がこんなものに将来はないと捨ててしまった類のものだったからです。

「ほのぼの系」と言うべきか、「癒し系」と言うものかわかりませんが、私にとっては情報価値がほとんどなく、また不愉快なものでした。スーツの世界に憧れて投稿を始めた人物の中で大成功を収めた唯一の例が、よりによってこんなものなのかと落胆したほどです。後発の人に追い抜かされたことを私が妬んでいるように見えるかもしれませんが、本来背広チャンネルは便乗チャンネルですから追い抜かされるのは好都合なのです。そうではなく、私は本当に彼の作品が好きではないのでした。

ただ、これは素晴らしいチャンスでした。私は早速『パーカーさんの動画、何が面白いの？』という動画を投稿し、パーカーチャンネルの視聴者を焚き付けました。『当初は、パーカーさんの作風をパクるぞ！』というタイトルでしたが、パーカーさんの視聴者の評判がそれほど悪くなかったので、より挑発的なものに変更しました。これは、同じようにパーカーさんのどこが面白いのか分からないという人々の共感を集め、その外側にいる人々を集めることと、理屈っぽい話を理解できるパーカーチャンネルの視聴者を取り込むこと、1人でも多くのパーカーさんの視聴者にスーツ背広チャンネルをまず植え付け、後で動画を見てもらえるようにすることが狙いでした。あくまで悪口という域に達さず、個人の趣向の披露に留めるよう、本書の表記同様に細心の注意を払いましたし、パーカーさんを批判したつもりもないのですが、パーカーさんを熱心に見つめている視聴者はそれを卑屈な悪口と捉えると考えていました。

実際、スーツ背広チャンネルの視聴者からは好評で、パーカーさんの視聴者からは不評という結果になり、コメント欄の最上部には「わりーけどパーカーチャンネルから来たわ笑笑　同士おる?笑笑」

とのコメントが表示されて、多数の共感を集めていました。私はパーカーさんを見ている人が背広チャンネルに来ることを望んでいたので、それは全く悪いことではなかったのですが、今考えるとこんな動画を出すのはやめておけばよかったと思います。まず第一に、私はその動画が50万回は軽く再生されると予想したのですが、実際には25万回ほどしか再生されませんでした。ならば「私とは違うけどお互いに頑張ろうね」といった平和的な動画にしておいた方が、パーカーさんの動画を見る穏やかな人たちをそのまま引き連れることができたでしょう。また当時私はパーカーさんの視聴者が流入する可能性のある場所が、スーツ背広チャンネルしかないと想定したのですが、これもまた大きな間違いでした。詳しくは後述しますが、背広チャンネルは自身の立場上、落ち着いて平和的な動画ばかりの投稿とはいきません。そんな背広チャンネルの動画を、羊が大草原で食事をする如く穏やかな（前にパーカーさんの作風をこう形容したら侮辱しているとの批判を多数受けましたが、まったく理解できていません）パーカーさんの動画を好む人が、食肉加工場のように辛辣な背広チャンネルの作風に馴染むとは思えませんでした。だからパーカーさんに対して多少辛口とも言える感想を発表し、それに同調する人を取り込みつつ、それにはげしく反発する人の脳裏に、スーツを刻み付けることにしたのでした。しかし、パーカーチャンネルとの親和性が高いのは交通チャンネルや旅行チャンネルのほうでした。

2つのチャンネルの作風は比較的穏やかで、パーカーさんの視聴者も見てくれる可能性があったし、実際パーカーさんを通じて旅行チャンネルを見るようになったという人も見られます。最初から変な焚き付けなどせず、旅行チャンネルを使って穏便なやり取りをした方が、こちらの利益にもなったと思っています。

このような書き方をしますので、本当に多くの人が、私がパーカーさんのことを嫌っていると勘違いしているようですが、彼は商才があって大変力強く、大事にしたい実力者です。どうも彼は当初、細々と存続していたぼっち系YouTuberの輪に混じりつつ、その中で異色の道を進み続けるスーツとステハゲさんに近づくようなことを目指していたのではないかと思います。現在その動画が非公開となったようで確認することができないのですが、『横浜国立大学と中央大学で聖地巡礼してきた』といったようなタイトルの動画も過去に存在していたはずです。スーツとステハゲさんのビジネス喧嘩の舞台となった地まで行き、真似した動画も作っていたような記憶があります。

ただ、その動画の再生回数は大したものではありませんでした。それよりも、純然たる孤独感と、それへの抗いと親和の心をにじませたような造りの、いわゆるぼっちとしての動画の方が圧倒的に成功しているように見えました。彼は様々な方向に舵を切りながら、自分でそのことに気づいたようです。彼が動画の中で嘘を交えた演出をしているという意味ではありません。

最長往復切符の旅の後に鉄道だけを取り上げるようになって、鉄道YouTube界の首位に就いたスーツや、何人友達がいようと普通の人間では絶対にとれない奇行に活路を見出して、時代を作り上げたステハゲさんと同じ、戦える人物です。ご本人に直接お会いしたこともありますが、いつも仰っているようにあまり喋るのが得意ではなさそうでした。本人はそのことをとても謙遜していましたが、

スーツ背広チャンネル

私はむしろそれこそが長所であり、誇るべきではないかと上奏してきました。実際、無理に背伸びや演出をすることなく彼の素の部分をそのまま出して、最近増えてきた「普通の内気な人」という売り物を作り出すことで庶民の共感を得るというのが、彼なりの作戦なのかもしれないと思いました。

今考えると、彼はきわめて正統派のぼっち系YouTuberでした。それが、彼の成功要因だったのかもしれません。私スーツは確かに友達なしで大学生活を送っていましたが、それはたまたま横浜国立大学で友達ができなかったというだけで、1人でいることの辛さや寂しさを理解するつもりが全くなく、友達の有無に囚われている人を叱りつけ、ひいては視聴者にも交友関係を遮断して解放感を味わうことを奨励するほどでしたので、ぼっちというより奇人と呼ぶ方が適切でした。そして、より規模の大きい交通・旅行チャンネルでは1人での旅行、宿泊、食事を毎日繰り返していたために、背広チャンネルにおいても視聴者がそのことを気にすることがありませんでした。ステハゲさんも同じく友達がいませんでしたが、動画はあまりに強烈で、友達の有無は全く動画に関係しないのでした。

どちらのチャンネルの視聴者も、スーツやステハゲさんに友達がいるかどうかをほとんど気にしていないように思われました。私は自分に友達がいないことを話題にした動画を作りはしたつもりでした。ステハゲさんもそう見えました。私は大学に持って行ったイルカの人形と楽しい話をして見せました。「馬鹿には見えない」ガールフレンドをこしらえて熱いデートもしました。ステハゲさんは架空の友達数名とパンツ姿で川遊びをしたり、混雑した食堂の最も目立つ通路の真ん中に仁王立ちし、おそらく大きな三脚を設置して、ぼっち飯と称した食事をしたり、さらにわけの分からないことをやっていました。でも、透明な女性をまっすぐに見つめて愛をささやく行為や、虚空と水浴びをして眩しい笑顔を交わし、さも青春時代の友情を深めたかのような表情を浮かべる行為は、当人に友人が居ようと居まいと、周囲から面白がられて当たり前でした。パーカーさんはそういった奇抜さに逃げることをせず、自分とよく似た同じような人たちに接近していきました。友人がいないということに焦点を合わせ続け、最近では『ひとりの時間が僕を救う』というエッセイ本を出されました。本の中では私を宣伝してくれていたのでこちらでも少しだけ宣伝致しますが、帯には「孤独や弱さを「強さ」に変える」とありました。私自身は、大学に友達がいない程度で孤独を感じることがありませんし、自分は強いと信じていますので、特にこの本で勇気づけられることはありませんでしたが、私のことをこんな風に思っていたのかと、大変興味深く拝見しました。

「ひとりの時間が僕を救う」
パーカー/KADOKAWA

遠藤チャンネル

遠藤さんは元々、芸能人の結婚など大衆の間でお祝いムードが生まれるような出来事に「祝福できない！」と水を差したり、お茶の間から非難されそうな不倫などの不祥事を引き起こした人や、重大

スーツ背広チャンネル

事件の犯人に対して「悪くない！」と擁護したりしてみせ、人を不快にする動画を数多く投稿する人でした。ただ、それがあまりに徹底しているので、この人は何かを企んでいるのだということは理解できました。彼は本当に多くの人から嫌われていたし、嫌われて当然でしたが、事業者として彼の動画を見ていた私は、その企みの内容が気になるのみで、嫌な気分になることはありませんでした。でも一体何を考えているのか、さっぱり分かりませんでした。そんなとき、遠藤さんが「モーニングルーティン」なる動画を出しているのを見つけたのです。２０１９年11月のことでした。ちょうどパーカーさんのルーティン、つまり日常の動画を「何が面白いの？」と取り上げたばかりの頃でしたが、そのとき自分が遠藤さんのルーティンには並々ならぬ関心を寄せたことに、自分で驚いてしまいました。遠藤さんの実力を身でもって、驚きと共に実感したというのが適切かもしれません。ステハゲさんを超える異常者として振る舞い、世間の非難を集め続ける機械、遠藤が、人間として動く光景ほど貴重なものはありません。作られた異常者として知名度を上げていけばいくほど、周囲はその人間の本当の姿を知りたくなります。私もその緻密な作戦にひっかかりましたが、すぐ彼の優れた能力に気づくことができたのは幸運でした。当時は遠藤さんの再生数・登録者の方が、スーツ背広チャンネルよりも圧倒的に少なかったので、私はそれから何度か遠藤さんのことを動画で取り上げ、無事に遠藤の同類として視聴者から歓迎されることになりました。遠藤さんの本性を知ってみたかったので、彼を旅行に誘うような動画も作りました。

遠藤さんは私を尊敬することを明示しながら、その提案を断る動画『おいスーツ、おまえと旅行行くわけねーだろ！（スーツ背広チャンネル スーツ 交通 旅行 インタビュー テレビ出演 ステハゲ パーカー）』という動画を出してくれました。私のことも相当前から注目してくれていたみたいです。遠藤さんは、現在事実上の引退状態にあるステハゲさんの代役のような地位も確保しつつ、順調に登録者や再生数を増やしています。そして、パーカーさんに匹敵する勢いで、日常生活の何気ない光景を披露するようになっています。以前には考えられなかったことです。もちろん、過激な動画が求められていることも忘れていないようです。そういう投稿も繰り返し、少し頭がおかしいパーカーさんに、ステハゲさんの奇行を加算したような出来栄えになっています。

wakatte.TV

wakatte.TVは2人の塾講師、早大卒の山火（びーやま）さんと、京大中退の高田（ふーみん）さんが、全国の有名大学内もしくは街頭で人々にインタビューし、学歴に目をつけたコメントをするという芸風です。特に高田さんは、至る所で他人の学歴を「低学歴」「Fラン」等とこけ下ろすので、頻繁に炎上して激しい非難を浴びています。私自身、大学に入学して専門教育を受けているというときになっても、入学前の基礎教育の結果である入学試験に囚われて、いつまでもその話を引きずることを大変愚かな行為だと思っています。そこで『wakatte.TVウザすぎ』という動画を投稿して、

スーツ背広チャンネル

wakatte.TV嫌いの人を取り込むことにしました。批判することが大事なのであって中身はどうでもいいと考え、無駄な労働時間を削減するためにも動画そのものを見ないままに徹底した批判動画を作り終えてしまいました。その動画の発言が実際どれも正論だったことは確かでした。撮影を終えて喋り疲れたので、布団にひっくり返って見たことのなかったwakatte.TVの再生しました（だったら最初から見れば良かったのですが）。出雲大社に参拝する若者の学歴を聞いて回るというもので、難関大卒業の人もそうでない人も、インタビューを通じてwakatte.TVの動画を楽しいものにしようという気概に満ちており、とても楽しい動画でした。そしてそれからも続けて時間を費やし、何本も動画を見てしまいました。高田さんの発言は、インターネット上のそこかしこで見られる典型的な見下しの実写化にすぎず、学歴社会の現実を多かれ少なかれ、皮肉的に表現しているという側面も見られました。

動画がいずれも大量に再生され、多くの賛同コメントが寄せられているのがその証左でした。投稿直後に高田さんから一緒に動画撮影をしようという事になりましたので、私は高田さんの顔をプリントした特製Tシャツを着用の上、『スーツVS wakatte.TV』という動画を投稿し、wakatte.TVでは『スーツと「横国生イメージと違い過ぎて入学したこと後悔してる説」

wakatte.TV。

を検証！！あの動画の話も…？【wakatte.TV】#183』が投稿されました。どちらも大成功でしたが、特に先方の動画は2020年6月現在、50万再生のヒット作となりました。横浜国立大学を馬鹿にしたような内容でしたが、私自身は好意的な通行人を巻き込んだ漫才として、wakatte.TVを盛り上げることに尽力しました。その後もしばしば撮影のお声がけが届き、毎度積極的に参加させて頂いております。スーツ背広チャンネルにはあまり笑いの要素がありませんが、wakatte.TVを通じて、笑いに挑戦する自らの姿を多くの人に披露することができればと考えています。

元々同世代、高校・大学生あたりの年代中心に支持されている背広チャンネルにおいては、確かに同じ世代に人気を博している先述の人物との交流が有利に作用した点があったと思いますが、今振り返ってみると、実は彼らとの交流は必要ないものであったかもしれません。取り上げた人物は同世代から人気を集めているという以上に、素のままの自分と人気を得るために作り出している自分が、著しく乖離しているという点で共通しているようです。カメラの回らぬところでは穏やかな暮らしをしつつ、動画のために奇行に走ったステハゲさん、スーツやステハゲさんを目指していたら、それと真逆の作風にたどり着いたパーカーさん、世間からどれほど非難されようとも、死ぬ気で人の学歴をバカにするwakatte.TV、どれも実際の自分の姿とYouTubeでの姿がまるで違う人たちばかりです。おそらく私自身もYouTubeをやりたくてやっているわけではないから、商売としてある程度割り切っている人に共感を覚え興味を持ち、知らず知らずのうちに接近していったのかもしれません。

第7章

ローカル線は好きじゃない！？

問寒別駅を通過する快速列車（2013年）。

私の趣向

今からしばらく、私の個人的趣味の話をします。思いつくままに挙げると、好きな路線は東海道本線、山陽本線、東海道新幹線、函館本線、海峡線、土讃線、中央西線など。実際には他にもたくさんあります。これらの路線の良さを語ることはいくらでもできますが、1つだけ、東海道本線を詳しく紹介します。沿線にはほとんど途切れることなく町の景色が続き、見ているだけで活気が自分の中に入ってきます。有楽町の町明かりや浜松町の東京タワーは世界の人におすすめできる東京自慢の景色です。名駅（地元では名古屋駅のことを名駅と呼びます）併設「セントラルタワー」の目もくらむ高さは立派そのものだし、京都駅の先で街並みの彼方に見える五重塔は毎度の楽しみです。静岡県内では富士山や茶畑など、日本を代表する景色が連続します。根府川からの相模湾も全国の鉄道

1000トンを100km／hで牽けるEF66。満載の貨物を西へ運ぶ。

特急しらさぎ 新幹線連絡の役目を担う。

東海道線は輸送量だけでなく景色も素晴らしい。（写真は新幹線から）。

ローカル線は好きじゃない!?

路線指折りの美しい車窓です。しかし東海道本線の魅力は景色の美しさだけでは終わりません。その素晴らしい景色の中を、各鉄道会社が総力を挙げて開発した一流の特急列車が走っています。「サフィール踊り子」「しなの」「サンダーバード」そして夜行列車の「サンライズ瀬戸・サンライズ出雲」、どれも素晴らしい列車です。経済の動きを可視化するかの如く、満載の荷物を積んだ高速貨物列車が昼夜問わず行き交うことも、東海道本線の大きな魅力でしょう。

中央線の先代「スーパーあずさ」は振り子式の迫力ある列車だった。

次に、どんな列車が好きか。私の好きなのは第一に特急列車。それも編成が長いものがよく、最低でも9両、できれば12両繋いでもらいたいものです。６両以下は短く迫力に欠けます。乗る、乗らないに関わらず、その編成にはグリーン車が組み込まれていると魅力的です。速度もなるべく出してもらって、常に時速１００キロ以上、可能なら時速１２０キロ以上での運転を希望します。カーブに差し掛かると車体を傾斜させ、減速を回避する「振り子式」であるとなお好ましいと感じます。車内ではそれほど高級でなくて構わないから、車内販売などのサービスをやっているとよく、運行頻度は1時間に1本以上欲しいです。この条件を全て満たすものは少なく、特に車内販売は需要の多い路線を除きほとんど消滅していますが、速度や編成の長さ、運行頻度で言えば「ひたち」「あずさ」「サンダーバード」「サンライズ瀬戸・出雲」あたり、増結していれば「しなの」「北斗」も該当するでしょうか。それから各新幹線列車が挙げられます。普通列車では12両繋いだスピード自慢の、JR西日本「新快速」や、首都圏各地を走る15両編成のグリーン車つき中距離電車に魅力を感じます。速度も外観も一流の格好良さです。

なぜこのような趣向となったのかはある程度説明がつきます。速く、長く、頻繁な運行がされていて乗客も多い特急列車や中距離電車は、鉄道において本質的な魅力を有しているのです。鉄道の長所は高速性と大量性に見出すことができ、大量の人や物を一気に運ぶとき、最も高効率な輸送手段となる場合が多いとされています。大量輸送機関として作られた、その目的達成に遺憾なく貢献する列車や路線は当然魅力的に映るはずです。この章のはじめに私が取り上げた路線はいずれもJR各社を代表する主要幹線であり、鉄道の持つ強みを存分に発揮している姿を見ることができます。

興味がある分野が存在するならば、当然興味のない分野も存在することになります。私はもともと、ローカル線にほとんど関心を持っていませんでした。時刻表の最初のページを開き、青い色や細い線で書いてある路線の大半はいわゆるローカル線です。地方交通線と呼ばれる場合もあり、実際にその地方の人たちが利用客の中心となっています。他にも、かつてJRや国鉄として建設されたものの廃止となり、半分公営の第三セクターとなった路線もあります。それらは長距離・大量・高速での輸送の舞台とはならない場合が普通です。走っている列車の速度は低く、どれだけ頑張っても80キロ

ローカル線は好きじゃない!?

程度という路線も珍しくありません。東海道線のように、主要都市と主要都市を結んでいくというものもまれで、辺境の町を目指して進んでいくだけですから、景色も基本的に田舎な感じがして変化に乏しいものです。特急が走っている場合もありますが、それも大した速度を出さなかったり、グリーン車を連結していなかったり、3両などの短い編成ということもあります。鉄道本来の魅力を発揮している路線とは言い難く、私の趣味にはもともとあまり合っていないのでした。しかし、ローカル線の旅は鉄道マニアでない人からも人気を博し、テレビ紹介されて市民権を獲得するほどですから、根本的に鉄道が好きな私が、それを面白く感じなかったことを不思議に思う読者もおられるかもしれません。私が思うに、鉄道マニアでない人はローカル線に乗り、田舎とか鉄道に触れる機会が少ないから、それを非日常的と楽しむことができるのかもしれません。自家用車や路線バスを使わないで、鉄道ばかりを利用して移動していた私にとっては、ローカル線に乗車するということは極めてありふれたことであり、新鮮味による楽しさの補強が期待できない状態にありました。ローカル線に乗っていると、ご婦人方などが集まって、車窓に目を向けながら楽しそうに語らいでいる光景を見ることがあります。大変微笑ましい気持ちになりますが、彼女らもその旅行を毎月毎月繰り返すとなると、いつまでも同じ気持ちで乗れないだろうなと思うこともあります。

ローカル線の景色は自然の景色が大半で、速度が遅いため変化が遅く飽きがちというのが私の感想ですが、それ以上に、ローカル線への乗車を通して悲惨な気持ちまでもが湧いてくることが問題でした。ローカル線の主たる乗客は高校生たちです。唯一の乗客という言い方もできます。朝晩には通学専用列車であるかのように、高校生だけの通学ラッシュが発生します。一見すると若者たちがたくさん集う明るい光景ですが、本当に100％高校生しか乗っていないという場合も珍しくなく、異質な空間でもあります。一度ＪＲ北海道・函館本線にて大変気まずい思いをしました。いつだか忘れましたが、夕方に倶知安駅を出発する長万部行き普通列車でのことだったのは覚えています。キハ40形1両での運転で、始発駅の時点で車内は超満員でした。体が密着するほどで、東京の通勤電車に匹敵する乗車率だったでしょう。乗客は全員同じ制服を着た、私より少し年下の人たちで、どうやら全員が同じ学校の生徒だったようです。みな仲良さそうに、賑やかにおしゃべりしていて、修学旅行用貸切バスの雰囲気です。私は久しぶりに高校生になったような懐かしさも味わいましたが、それ以上に自分だけが高校生に混じりこんでいる場違いな状態に、底知れぬ居心地の悪さを感じたものです。なぜ利用者が純度100％で高校生だけになるのかというと、大人は運転免許と自動車を持っているからです。運行本数が僅少で駅へ向かう手間のある鉄道と、自分の好きな時に出発できて、戸口から戸口への移動が可能な自動車とでは歴然たる利便性の差が生じています。

昔、日本が経済的に未発達だったころは、自動車がいまより高級品でしたから、ローカル線のダイヤに合わせた生活様式が当たり前で列車も混んでおり、長い編成を連ねて通勤・通学のラッシュをさばいていたようです。しかし今や地方においては、大人1人が1台の自動車を所有するのが当たり前となり、自由な時間の使い方をする時代になりました。運転を許されていない高校生たちが「仕方なく」鉄道を利用しているにすぎません。もはやローカル線は消去法で利用する存在に落ちぶれており、地方の地域輸送において鉄道は過疎化・高齢化に先行する形で衰退を続け、過去の物となっています。鉄道衰退を象徴するかのような、こんな状態のローカル線を見て楽しい気持ちにならないのも当たり前でした。

好きでもないローカル線に乗りまくる

そんな興味のないローカル線にたくさん乗車する機会がありました。最長往復切符の旅をしたときでした。最長往復切符のルートに従って旅を進めることが強制されますので、興味を持っていなかったところも経由する必要があり、今まで乗ったこともないような路線を訪れることになったのです。JR西日本の福塩線、芸備線、姫新線、三江線(現在は廃止)や、JR九州の吉都線などは、最長往復切符の旅をしなければ死ぬまで乗らなかったかもしれません。特にJR西日本のローカル線に乗車することは辛いものでした。1両のディーゼルカーが時速20キロ、30キロぐらいのモタモタとした調子で走り、景色はひたすら山の中。乗客もほとんどゼロか通学の高校生だけで、夜になれば町の灯りもなく車窓を見ることすら困難でした。1回目の最長往復切符の旅では、面白くもないローカル線への乗車を強制されて辛い思いをしたという感想を持っただけで、特にその路線のことを深く考えるこ

日田彦山線 一見地味だが、沿線をよく見ると日本の産業を支えてきた歴史が残っている。

ともなかったし、面白みを知ることもありませんでした。

しかし最長往復切符の旅は2回実施され、2度目においては各地の鉄道に注目した紹介をすることで、視聴者の関心を集めることが必要になりました。いくら面白く感じないローカル線の旅であっても、ただそれを面白くないと言うだけでは視聴者を楽しませることができませんので、何とかしてそのローカル線の面白さを探しました。実際には大した調べ方をしたわけでもなく、視聴者からコメントで寄せられた情報を頼りに、インターネットで検索した記事を読んだ程度でしたが、それでも意外に興味深いことが次々見つかりました。例えば美祢線という路線は、今でこそ1～2両の列車が走るだけのローカル線に落ち着いていますが、1970年代には宇部興産のセメント原料を輸送する貨物列車が1日に数十本走る重要路線で、当時の活躍ぶりを思わせる施設がいたるところにあるし、その名残で現在でもJRの制度上は主要幹線の扱いを受けているということがわかりました。また、その

ローカル線は好きじゃない!?

衰退は国鉄職員が断行した、違法とされるストライキが原因であるとの説を知り、まだまだ勉強が必要であることを痛感しました。三江線という路線は、戦前に北端と南端から建設をはじめ、戦争で建設を中断した後、戦後に建設を再開した面白い歴史を持つことを知りました。実際にそれを知った上で乗ってみると、最初はノロノロ走っていた列車が、戦争が終わったあとに建設された区間に入ると一気に速度を上げて心地よい走りを見せ、その区間を抜けると再びノロノロ運転に復帰するという変わった走り方をしていることに気づきました。戦前に工事が始められたときの技術力は低いものでしたが、太平洋戦争による計画凍結を経て、戦後に未完成区間を建設する際には、技術力も国の経済力も増していたので、高速走行に対応した質の高い線路を建設することになり、列車の走り方もそこだけ妙に堂々とするようになったわけでした。トンネルや軌道などの構造物を詳しく観察するにつれ、土木技術への関心も増してきました。他にも、本当はこんな風に建設したかったけれど夢破れてしまったとか、ダムの底に沈んだ昔の駅が渇水期にだけは姿を現すとか、全国の各ローカル線に様々な逸話が隠れていることもわかってきました。路線にまつわるこぼれ話はローカル線だけの特権ではなく、もちろん東海道本線などの主

八高線。実は米軍横田基地内を走る路線。航空機からの落下物を避けるための仕組みがあった。

陸羽西線。山形県における江戸時代以前からの経済の動きがこの路線には残る。

要幹線についても多く知ることができるのですが、路線ごとにさまざまな種類がありましたから、それでローカル線が相対的につまらないということにはなりませんでした。今まで興味のなかった分野の面白さを発見することができた私は、まんべんなく鉄道を楽しむ資質を身に着け、次の勉強の足掛かりにできるようになっていました。これは特段素晴らしいことではなくて、とどのつまりは不勉強ゆえにローカル線の食わず嫌いをしていたことが露呈しただけでしたが、自分はまだまだ鉄道に関して勉強する余地が山ほどあるし、それをすればするほど面白いということに、一見面白みのないローカル線に乗る経験をしたことで気づかされたのでした。

ローカル鉄道会社

ところで、全国の路線図を見ると、地方に経営の基盤を置き、ローカル線だけを運営する鉄道会社も多く目につきます。言わずもがな、一部の優れた例を除きそれら路線の収支は赤字になり、しかも過疎化・少子高齢化・モータリゼーション、３つの外的環境を取り除かない限り、地元住民の利用、定期券による収入は先細りになっていくことがほぼ確定しています。ＪＲなど、十分に利益を上げられる主要幹線を保有する会社は、例え乗客がゼロでも別のところからの利益を赤字路線に充当し、無理やり維持することができますが、ローカル線一本勝負の会社は何としてでも路線にお客さんを招くしかありません。減少していくことが明らかな定期収入を補い、路線自体を活性化させていくために

ローカル線は好きじゃない!?

は、観光客や買い物客などの定期券を利用しない人を呼び込むことが不可欠です。広告を打ち出したり、企画きっぷを発売したり、各鉄道会社が様々な施策に取り組む中で、中には私をその活動に使ってくださるありがたい会社もあります。

例えば秋田内陸縦貫鉄道は、もともと国鉄鷹角線として開業するはずでしたが、途中で建設が凍結された後に未完成部分も廃止されることになったので、国鉄から路線を譲受して営業を始めた会社です。未完成部分は経営移管後に完成し、現在は角館駅と鷹巣駅の間を連絡しつつ、内陸部への交通として活躍しています。ローカル線にもそれぞれの面白い魅力があるのだと、段々気づいてきた2018年に初めてこの路線に乗りに行き、実際に面白い体験をしました。個人的には、山中を高架線で駆け抜ける爽快感がやみつきで、特に軌道の下が透けて見えたり、鉄橋から深い谷を見下ろしたり、全国でも珍しいスリル感を味わいました。ほどよく開けた山並みの景色が内陸線にしかないものとは言えませんが、速さとスリル、そこに沿線の名物やマタギ文化が加わっており、急行列車では沿線の紹介や名物の販売などもあって、質の高い体験をすることができるのでした。乗車したAN8800形車両は運転席が小さく、車両最前部の右半分には乗客が立つことができるようになっていました。この手の車両は景色を楽しむのに最高です。運転席のない側に立つことで、何にもさえぎられることのない、大迫力のパノラマを前にすることができます。この路線にはぴったりの構造で、後日動画編集を担当するスタッフと乗車した際は、彼も面白いと繰り返していました。

それから1年経って、秋田県の行政系の機関「秋田犬ツーリズム」さんから、秋田県北部を紹介する仕事を頂き、数日間秋田で仕事をする機会がありました。その対象には秋田内陸縦貫鉄道も含まれていて、初めて鉄道会社と協力した動画を撮影することになりました。吉田社長とお話しする機会を頂いたり、スーツ専用の特別車両を運行して頂いたり、普段は非公開となっている車両基地も隅々まで見せて頂いて、沿線のマタギ文化を取り入れた旅館では熊をごちそうになり、自信作の動画は狙い通り好評を博しました。撮影中には度々、私のことを取材しに来たという新聞記者さんが来られていました。撮影そのものに忙しく、取材そのものはついで感覚でお応えしました。その日の仕事を終えて大館駅近くの食堂に入り、親子丼を注文したら、お店の人が私のことを知っていました。「新聞に載っていたね」と言われ、置いてあった新聞に目をやると、一面だったか忘れましたがそれに近い場所にずいぶん大きく、ユーチューバーが秋田にやってきて、ロー

秋田県での仕事では、本物のマタギ文化を教わった。

ローカル線は好きじゃない!?

カル線を舞台に仕事をしているということが掲載されていたのです。私はいつもどおり秋田県を案内付きで観光しているぐらいのつもりでしたが、地元にとっては大きなニュースなのだそうでした。翌朝の仕事中にその話になりました。私のような若者が地方にやってきて、新しいことをやっているというだけで、地元にとってはとても明るい知らせなのだそうです。秋田内陸縦貫鉄道の吉田社長も、大学生にすぎないと自認していた私を、有力者として扱ってくださいました。

秋田での仕事を通じて、私は自分で思っているよりも世間の役に立つことをやっているらしいと思うようになりました。確かに鉄道や旅行に関心のある人にその魅力を伝えるという、かなり効果的な宣伝活動を勝手にやっているわけですから、役に立つには立っているはずですし、実際には鉄道や旅行が取りたてて好きでないという人を鉄道の世界に動員することさえ実現しているようです。「鉄道に興味はないけど、スーツの動画は面白くて見てしまう」これは最もよく見られる種類のコメントです。

現在私は、鉄道の楽しみを鉄道に詳しい人にも、詳しくない人にも知ってもらうことを強く意識して活動しています。私もローカル線の楽しみ方を知らなかった状態から、それを楽しめるように成長し、前より頻繁にローカル区間へ足を運ぶようになりました。YouTubeを通じて鉄道の楽しみ方を発信すれば、多かれ少なかれ私と同じように楽しみを広げる人が増えて、鉄道の利用者、特に赤字ローカル鉄道で熱望されている定期外の収入の増加に多少は繋がると思っています。そして大変勝手ながら、自分の活動を通じて鉄道の斜陽化、とくに地方における著しい衰退そのものの食い止めに、少しは貢

秋田内陸縦貫鉄道・新型観光列車のお披露目会で即興トークショーをやった。

献できることを願っています。元々私の活動の動機は現金収入であって、鉄道の振興のためにYouTuberをやっているわけではないのですが、鉄道会社のたゆまぬ経営努力のお陰で、これだけの成功を手にすることができたという恩義は、これが一方的なものだと理解していても感じずにはいられません。もし、鉄道会社からお求めがあらば、できることは何でもさせて頂く所存です。また、自身の将来にわたる安定した活動のためにも、鉄道が活発に動いていることは望ましいものです。

2020年1月より、秋田内陸縦貫鉄道では観光用の特別車両、笑−EMI−の運用を開始しました。週末に運行される急行「もりよし」で乗ることができ、内装は急行用のクロスシートと窓向きの座席で構成され、内陸縦貫鉄道の花形となっています。私も列車名や車内サービスの決定に携わらせていただきました。運行を開始した2020年初頭は、まれに見る雪の少ない冬でした。吉田社長によれば、内陸線の

ローカル線は好きじゃない!?

一番の、そして圧倒的な売りは冬の深く積もった雪景色だそうです。これは私も未体験です。その素晴らしい景色に触れ次第、皆さんに紹介したいと思っています。

ローカル線の振興に私が役立っているかの判断をする数値的な材料は何もありませんが、地方交通や旅行業の振興に、確かに役立ったと言える情報がありますので紹介させて頂きます。

鉄道ではありませんが、スーツチャンネルではよく、伊豆諸島と東京または静岡県内を連絡する東海汽船の航路を紹介しています。2020年3月上旬には、東京駅を朝の6時半に発ち、鉄道と船の割引きっぷを組み合わせて通常の3分の1の金額で伊豆大島への日帰り旅行を実現する動画を投稿しました。何気ない普段通りの投稿でした。それから3カ月ほど経過したあるとき、Twitterで「YouTuberが紹介したら東海汽船の乗船客数が爆増した」との書き込みを見かけました。東海汽船を紹介しているYouTuberが他にまったくいないわけではありませんでしたが、詳しく何度も繰り返し取り上げ、数字

この動画がきっかけで乗船客が急増したらしい。

を手にしているのは私1人だけでしたので、きっと私のことを指すに違いないはずです。詳しく調べると、伊東—大島の航路の乗客数がなぜか増加しており、営業所が原因をアンケート調査したそうで、結論は「スーツさんに紹介されたため」とのことでした。

具体的なことを東海汽船に問い合わせると、丁寧な回答を頂けました。3月上旬には日本でも少しずつ新型コロナウイルスの感染者が見られるようになっており、東海汽船でも全航路の乗客数が軒並み減少していたそうです。伊東—大島航路の乗船客数も前年の30%まで落ち込んでいました。私が乗ったときも250人の定員に対し2人しか乗っていない、惨憺たる状況でした。ところがそれは私が動画を投稿する前の話で、3月8日以降は前年比で乗客が増えていき、そこから2週間は前年比235人増、130%になったと聞きました。東海汽船の方からは、他航路が軒並み乗船客数を落とす中、伊東だけ増加に転じていたので、数字以上の効果があったのではとの考えを伺い

東海汽船さんからはその後、事あるごとにメディアとして呼んで頂けるようになった。

現場の方に撮影を手伝っていただけることもある(伊豆急 ザ・ロイヤルエクスプレスにて)。

ました。動画投稿から2週間ほど経つと、新型コロナウイルスの感染者増加に伴い著しく需要が減少し、利用者が極端に少なくなったために伊東航路は運休になりましたので、人々が安心して旅行できるような時期であれば、もっと乗客が増えていたのではないかと思っています。他にも、私が紹介したツアーに大量の視聴者が参加し、視聴者しか乗っていないバスが誕生したこともありましたし、動画で紹介した温泉旅館から「動画を見たと言ってくるお客さんが多い」と感謝の言葉を頂いています。

第8章

なぜ鉄道が好きなのか これから どうしていきたいか

ウエストエクスプレス銀河号。JR西日本が力を入れて造った夜行列車。

これは最もよくされる質問で、最も答えに困る質問でもあります。鉄道が好きな人の大半は、なぜ自分が鉄道を好きなのか、よく分からないのではないかと思います。例えば「なぜ寿司は美味しいのですか？」と聞かれて明瞭な回答ができる人は多くないはずです。私なりに長い間この問題に向き合ってみて、自分が小さいころから部分的に未発達なままであることが、鉄道マニアとなっている理由ではないかと考えるようになりました。「未発達な自分を失わずに発達した」と言うべきかもしれません。小さい男の子の多くは「電車」が好きなものです。私は幼児が電車好きになる理由の専門知識がありませんが、乳児、幼児、児童と成長していく過程で、乳児の頃は動くものから、幼児期には同じことの繰り返しから知見を広げがちで、電車はその条件にぴったり当てはまるという話を聞いたことがあります。成長と共に社会への参加度合いが高くなり、さまざまなものと触れて、電車への興味が相対的にどんどん薄らぎ、ほとんどの人たちは電車から興味を失っていくといいます。その中で、私が発達とともに電車好きを辞めなかったのは、私の家族が電車への興味を適度に刺激してくれていたではないかと思います。父はフィルムカメラを銀箱に入れて全国を渡り歩いた熱心な鉄道マニアでした。母も鉄道の楽しさをよく理解していました。そのため年に何度か関東近辺、もしくは東北地方を目的地とした旅行を企画してくれ、時刻表などを買い与えてもくれていました。4歳のときには母が寝台特急「北斗星1号」の最高級個室、ロイヤルの切符を、特に頼んだわけでもないのに買ってきてくれました。北斗星1号の赤く鮮やかな食堂車に乗れた経験は一生ものです。18年後に自分の金で、北斗

星のモデルとなったオリエント急行に乗ったときは、大変感動したものですが、そのときの記憶が感動をさらに増幅させてくれただろうとも思います。単に楽しいというだけでなく、将来に役立つ素晴らしい投資としても機能しました。その後も「サンライズ瀬戸」「あけぼの」などの寝台車の旅を経験させてくれました。小学校3年生のときは寝台特急「はやぶさ」に乗せてもらえる予定でしたが、私が感染症に罹って中止になってしまいました。中学時代に旅行計画を立てていたとき、一晩を座席で過ごす（これはマニアでもかなり辛いことです）ことを求められる急行「能登」に乗りたいと頼むと、二つ返事で北陸旅行を決めてくれました。その帰りには特急「はくたか」と上越新幹線を使えばよかったのですが、早朝4時33分富山駅発の夜行急行「きたぐに」で帰りたいと言うと、それにも文句を言わず同意してくれたのでした。中学生くらいの頃までは、極端に頻繁な旅行をしていたわけではありませんでしたが、それぞれの旅行では毎度私の希望を深く汲んでくれました。今思うとこんな面倒な趣味にわざわざ付き合ってくれたことに、頭が上がりません。もっとも、私の家族もそれを楽しんでいたようではありました。

小さいころの私は他の男の子たちと同様に電車好きとなりました。そのころまでは大して特殊なことではありませんでしたが、他の子どもたちがどんどん電車熱を覚ましてしまったのに対し、私は両親からの適度な刺激により、それを冷ますことのないままに大人になってきたように思います。そしてある程度の年齢を超えると、もう自分で自分を温めることができるようになるのです。自分で経験したり調べたりして、鉄道の知識はどんどん高まり、それに伴ってさらに興味が湧きます。好きこそものの上手なれと言いますが、私は逆もあり得ると思っています。詳しいからそのものの楽しさを見つけることができる、そんな経験をこれまで、特にYouTubeでの活動を始めてからたくさんしてきました。

鉄道の動画はもうネタ切れになるのではないかと、様々な人に心配されることがあります。絶対にそれが起こらないとは言いませんが、今のところその余地はありません。普通の人が列車に乗っていて気になるのは、座席の快適さ、景色の美しさ、見た目の良し悪し、食堂車で出される料理の味……およそこのくらいではないかと思います。もちろんそういったことの紹介は面白いし、必要だと思います。でも楽しみ方はそれだけではありません。鉄道は私たちに身近なものでありながら、本当に奥深い存在です。庶民から会社の重役、国会議員、天皇陛下まで同じレールの上を走るという点ですでに面白いものです。鉄道は明治の初頭から日本を支え続けてきた歴史の生き証人であるのですが、多くの人は車輪の下や屋根上の歴史に目を向けることなく過ごします。極めて安全な輸送手段として、つねに磨きをかけてきた特有の安全装置が、移動の間常に私たちの生命を看視してくれていることに、多くの人は気づきません。過酷な通勤ラッシュをさばくために、想像に及ばないような対策が続けられていることも事実です。世界の大人たちに環境対策をせよと怒りをあらわにするグレタ・トゥーンベリさんは、なぜ鉄道移動にこだわるのでしょうか。知識さえあればどれだけでも楽しみを広げることができ、ネタ切れという事態も遠くなります。普段何気なく見ている鉄道の風景を、複雑な理屈を交えて視聴者に解説することは難しいですが、それができた動画はかなりの回数再生されることが多いようです。初歩的なところでは『列車が遅れているとき、運転席では何が起きている？』という動画が大変再生されたのが記憶に新しいところです。中学生時代に京王線を使った遠足に行き、たまま運転席のすぐ後ろに立ったことがありました。同じ班の人から解説を依頼されたので、鉄道信号機やブレーキ操作などについての話をしたのですが、普段鉄道などに全く興味を持っていない友人たちがとても楽しんでくれたのも印象的でした。彼らは鉄道に興味がない以前に、楽しむ方法を知らなかったのでした。知識があれば楽しめるとはいえ、時間を作って視聴者を楽しませるに足りるだけの勉強をすることは大変です。私自身、友達に案内をして楽しませた中学生の頃は、自分がとても鉄道に詳しいと思っていましたが、それより圧倒的に知識を得た今では、もっと勉強をしなければならないと知識の不足を感じる日々を送っています。ただ、勉強していれば道が開けることが分かっているということが、極めて安心な状態であるはずです。

今後も私は鉄道で視聴者を楽しませながら、鉄道の知識を深めることもするつもりです。それには、一見鉄道と関係ないように見えることを学習する必要もあるでしょう。知識はより高度なものへと移行しつつ、視聴者を置いてけぼりにしないことにも注意したいものです。最近では鉄道系YouTuberが増えてきて、スーツの個性も前ほど強くなくなりましたが、これができる人物は少ないだろうと考えています。鉄道に興味のない人たちを目覚めさせ、また鉄道にある程度詳しいマニアたちも目覚めさせ、業界を活性化させることに繋がるはずです。鉄道というものがあり、それが日々進歩しているために、YouTuberとなって不自由のない暮らしができているものと考えています。業界の活性化には恩返しという側面もあるかもしれませんが、私は一方的に恩を感じて、それを一方的に返すと宣言する行為には美しさを感じませんので、YouTubeでの活動をもって恩返しをしているとは思っていません。自分が鉄道の旅の様子をYouTubeに公開することで、乗客が増えていることはあり得るでしょうが、ほとんどの鉄道会社は私にそうしてほしいと一言も頼んでなどいないのです。私が勝手に始めたことでJR等の役に立っていると慢心することはできません。ただ、私の知名度と他の何か、例えば鉄道の知識やそれを解説する能力を、いまよりも多くの鉄道会社が必要としてくださることは、十分あり得る話だとは思っています。

その方法は、YouTubeは関係のないものであるかもしれません。そういった時に備えて、またそのときお役に立てるように、鉄道の勉強を進めることには効果があるでしょう。また、スーツ背広チャンネルなどの運営方法を良く考慮し、目先の金銭のために世間からの印象を落とすことのないようにして、その会社から都合のいい存在になっておく必要があるでしょう。今後もよく勉強し、鉄道・交通の世界に役に立つマニアになろうと思っています。

あとがき

Epilogue

本書の編集・販売にご尽力くださいました、三才ブックスの皆さまにお礼申し上げます。制作過程において「これではスーツの世界観と合わない」という類の横やりを何度も入れてしまい、すみませんでした。ただ、本書の出版を成功に導くため、私なりの協力をしているつもりでしたし、それをご理解頂けていることも承知しておりましたので、かえって安心して「文句」をつけることができました。

当初は各ページ1枚ぐらい写真を挿入する予定でしたが、私のお願いでずいぶん少なくして頂きました。本文にも修正が入るのだろうと思っていましたが、ほとんど私が書いたままの文章が掲載されており、「スーツらしさ」を大切にして下さっていることをひしひしと感じたものです。

視聴者の皆さんからの評判が悪かった表紙についても、私は原案の時点で変更の必要有りと感じ、繰り返し差し替えを依頼していたのでした。ただ、この点については先方の説得力ある意見に従うことにしました。鉄道関連本の出版数は極めて多く、並みの表紙では埋もれてしまうのだそうです。面白い本が書けたとしても、目を引かなければ意味がありません。確かにこの表紙が鉄道本売り場に置いてあって、見る人の視界に入らないということはないでしょう（パチンコの攻略本売り場に置いてあったら目立たないと思いますが）。ここは出版に長く携わってきた、三才ブックスさんの作戦を信じることにしました。

もしこの表紙を見続けるのが辛いという方は、本書の外装を裏返してください。何よりシンプルなスーツらしい表紙が現れます。これが真の、ファン向けの表紙です。三才ブックスの方が、ファンの皆さんに気をきかせて考えてくださったものです。

最後に、取引相手として数カ月の間やりとりをさせて頂いた三才ブックスのご担当者さまに、私の

Epilogue

仕事ぶりを評価頂くようお願いしました。ここ最近は仕事が増えるばかりですが、締め切りに遅れて出版社さんの迷惑になることは避けようと頑張ったつもりです。それが実際きちんとできていたか、業者側のご意見を伺うことには価値があるはずです。いくらか下駄を履かせてくれているかもしれません。多少割り引いてお読みください。ありがとうございました。

もともと鉄分が濃い人間なので、まさかスーツさんの書籍に携わる事ができるとは思いませんでした。スーツさんから届く原稿は、まさに動画どおりで勢いがあり、その雰囲気が伝わるようにあえて改行は少なめにしました。原稿執筆スピードが、「のぞみ」ばりに速いです。

（旅と鉄道好きU）

今まで数多くの本を手がけてきましたが、原稿が上がってくるスピードが早くてビックリしました。集中力がすごい。没頭するタイプだな、と思っていたら原稿の中にも「電車に乗りながら英単語を暗記」とか、「歩きながら勉強」とかぶっ飛んだエピソードが出てきて爆笑。変人です（ほめている）。進行の途中からスーツさんの仕事が一気に忙しくなって、なかなかレスが返ってこず、ちょっとだけヒヤヒヤしました(笑)。それでもかなりスムーズに進んだ方だと思いますね。

（編集O）

スーツ氏の魅力は「よどみなくしゃべる弾丸トーク」「整理整頓された受け答え」「抜群な記憶力の良さ」「物おじしない」、そして「鉄道愛」…。挙げたら切りがありません。文章からも、それらの魅力は顕在です。改行が少ないことも、弾丸トークに相通じるものがあるでしょう。本の完成を誰よりも喜んだ1人です。

（フィクサー光）

[筆者紹介]

スーツ

幼少の頃から両親の影響で鉄道好きとして育つ。鉄道に乗り放題の夢をかなえるため、鉄道会社の社員を目指すが就職できず、大学へ進学。徹底した節約生活で鉄道旅行に没頭する。そして、長年の夢だった「最長長距離切符の旅」を実現するべくYouTuberに。120日間で日本を1往復する前人未到の鉄道最長旅。その資金として旅をしながら、撮影した動画をYouTubeに投稿して稼いだ。さらに世界へ足を伸ばし、世界一周へ。シベリア鉄道全線の旅から、JAL国際線ファーストクラス搭乗の動画で人気爆発。以降、鉄道と旅をテーマに鉄道系YouTuberのトップを走り続け、鉄道、交通の世界で「役に立つマニア」を目指す。

神と呼ばれる鉄道系YouTuber

スーツの素顔

2020年10月15日　第1刷　発行

著　者　スーツ
発行人　塩見正孝
編集人　及川忠宏
発行所　株式会社三才ブックス
〒101-0041
東京都千代田区神田須田町2-6-5 OS85ビル3F
電話03-3255-7995（代表）
FAX03-5298-3520
https://www.sansaibooks.co.jp/
印刷・製本　図書印刷株式会社
デザイン　株式会社コイグラフィー
協　力　株式会社パイルアッププロダクツ
表紙：ソラカラちゃんカチューシャ／©TOKYO-SKYTREE